한국의 동백나무

한국의 동백나무

글·사진 안영희

1판 1쇄 인쇄_ 2013. 11. 8
1판 1쇄 발행_ 2013. 11. 15

발행처_ 김영사
발행인_ 박은주

등록번호_ 제406-2003-036호
등록일자_ 1979. 5. 17.

경기도 파주시 문발동 출판단지 515-1 우편번호 413-756
마케팅부 031) 955-3100, 편집부 031) 955-3250, 팩시밀리 031) 955-3111

값은 뒤표지에 있습니다.
ISBN 978-89-349-6541-1 03480

독자 의견 전화_ 031) 955-3200
홈페이지_ www.gimmyoung.com
이메일_ bestbook@gimmyoung.com

좋은 독자가 좋은 책을 만듭니다.
김영사는 독자 여러분의 의견에 항상 귀 기울이고 있습니다.

한국의 동백나무

안영희

글 · 사진

김영사

일러두기

1. 우리나라에 자생하는 동백나무의 분포지, 생태적 특성, 꽃의 형태, 활용, 재배와 번식법, 관리 방법 등을 정리하여 담았다. 또 현재 국내외에서 널리 재배하는 재배 품종 120종과 외국의 차나무속 식물 20종에 대한 내용을 수록했다.

2. 동백나무를 비롯한 자생식물의 한국명은 국명으로 표기했다. 학명 표기는 국립수목원www.kna.go.kr의 국가표준식물목록을 참고했다.

3. 외국의 동백나무속 식물 표기는 학명과 국내에서 통용되는 우리말 이름이 있는 경우는 이를 병기했고, 영명·일본명·중국명 같은 이름이 없는 경우에는 영명 혹은 현지명을 그대로 표기했다. 그러나 적절한 우리말 이름이 없거나, 아직 세계적으로 소개된 역사가 짧아 영명 혹은 일본명, 중국명 등이 없는 경우에는 누락된 그대로 표기했다. 식물의 고유한 염색체 수도 나타냈다.

예 카멜리아 사산콰 *Camellia sasanqua* Thunb.
애기동백나무
Sasanqua
サザンカ
茶梅다매
염색체 수: 2 = 90

4. 외국어로 흔히 표기하는 용어 혹은 식물명 등은 우리말로 풀이해 표기하고 원래의 이름이나 단어를 병기했으나, 적절한 표현이 없는 경우에는 아래와 같이 원어를 그대로 표기했다.

예 *Cephaleuros virescens*, 여름철 동백나무에 발생하는 식물병의 병원체 이름

5. 농약명처럼 국내에서 일반적으로 사용하는 외래어는 특별한 설명을 붙이지 않고 그대로 표기했다.

예 만코지 수화제 다이센 엠-45, 베노밀 수화제 벤레이트

6. 이 책에 소개한 동백나무 재배 품종의 개화 시기는 일본과 오스트레일리아 현지에서 조사한 것이므로 우리나라와는 약간의 차이가 있을 수 있다.

책머리에

어느 해인가, 늦겨울까지 내린 눈이 보기 드물게 많이 쌓인 이른 봄에 남도 여행을 한 적이 있다. 그곳에서 때마침 꽃이 활짝 핀 동백나무 군락지를 보았다. 주변 세상이 모두 하얗게 변한 가운데 반짝이는 초록색 이파리 사이로 붉게 핀 동백나무 꽃이 너무나 아름다웠다. 아직 바람은 차고 겨울의 그림자가 남아 있는 삭막한 주변이 무색하게 새빨간 꽃잎을 반쯤 벌리고 피어 있는 동백나무 꽃은 고혹스럽다 못해 결연한 비장미까지 느끼게 했다.

그때부터 우리나라의 동백나무에 흠뻑 빠져들기 시작했다. 열정적으로 동백나무와 관련한 문헌을 뒤지고 또 뒤지고, 겨울부터 봄까지 카메라를 둘러메고 따뜻한 남쪽 지방을 헤매고 다녔다. 수년의 시간을 그렇게 보내면서 수집한 동백나무 관련 자료가 안타까워 이렇게 《한국의 동백나무》로 엮게 되었다.

그러나 이 책을 통해 우리나라 자생 동백나무의 모든 것을 담기엔 나의 능력이 너무도 부족했다. 식물을 전공하는 사람이기에 아무래도 딱딱한 식물학적 내용이 많을 수밖에 없었다. 식물학 면에서 바라본 우리나라 동백나무는 정말 매력적이었다.

많은 식물 가운데 자생 동백나무만큼 큰 오해를 받아온 식물도 없을 것이다. "왜색이 짙다", "일본을 대표하는 식물이다", "일본인이 좋아하는 꽃이다" 등등 우리 마음대로 자생 동백나무와는 아무 상관 없는 오해를 해온 것이다. 우리나라는 세계적으로 동백나무의 주요한 자생지이며, 동백나무 분포의 북한계선이 존재하는 곳이다. 그러므로 자생 동백나무는 추위에도 강하고 성질이 강건한 특징이 있다.

지역에 따라 나타나는 다양한 꽃의 변이는 새로운 재배종을 육종하기에도 적합하다. 하지만 전문가들의 자생 동백나무에 대한 관심은 의외로 낮아 동백나무 관련한 연구 결과는 턱없이 부족한 실정이다. 미약하기는 하지만 이 책을 통해 동백나무에 대한 우리의 오해를 풀어보고, 동백나무의 잠재적 가치를 널리 알리고 싶다.

21세기는 '바이오 경제 시대'라고 한다. 생물 자원이 경제적 가치를 창출함은 물론, 이를 바탕으로 한 연관 산업도 활성화될 것이라는 전망이다. 우리나라는 국토 면적에 비해 식물 자원이 상대적으로 풍성하고 그 가치 또한 높다. 우리의 자생 동백나무도 이 같은 맥락에서 훌륭한 생물 자원으로 활용할 수 있는 높은 가치를 지니고 있다. 물론 동백나무가 아니어도 우리나라에는 개발 가능성이 높은 우수한 자생식물이 많다. 그럼에도 왜 굳이 동백나무냐고 묻는다면, "그동안 숱한 오해를 받아온 동백나무에 대한 해명과 같은 것"이라고 말하고 싶다.

그래서인지 글을 써나가는 과정에서 더욱 신중했으며, 진지하게 내용을 밝히려고 노력했다. 자생 동백나무의 차별성과 우수성을 밝히기 위해 이미 재배하고 있는 재배 품종은 물론 외국의 동백나무들도 숱하게 찾아보았다. 그러나 의외로 자생 동백나무를 찾아가는 길은 멀었고, 자료는 부족하기만 했다. 동백나무의 재배와 관리 등에 대한 국내 자료가 거의 없어 외국의 문헌을 찾아보는 일도 쉽지 않았다. 또 외국에서 발간한 동백나무 관련 자료를 우리나라 환경에 맞추어 정리하는 작업도 쉽지 않았다. 이렇듯 숱한 어려움을 겪으며 가까스로 이 책을 마치게 되었다.

《한국의 동백나무》에는 자생 동백나무의 국내 분포 특성을 비롯해 생태, 형태, 이용, 재배와 번식 방법, 병충해 관리 등 동백나무 관련한 모든 정보를 담았다. 국내의 대표적 동백나무 자생지를 다루었음은 물론, 이제까지 국내에 제대로 소개되지 않은 외국의 동백나무 원종과 재배 품종에 대해서도 그 특성을 자세히 설명했다.

이 책을 통해 일본의 동백나무와는 전혀 다른 우리 동백나무의 고유한 아름다움을 당당하게 드러내고 싶다. 아울러 그동안 우리가 깨닫지 못한 자생 동백나무의 우수한 가치와 개발 가능성을 일깨우고 싶은 마음이다.

언제나 그렇듯 책을 마무리할 시기가 되면 아쉬움과 부족함에 고민하고 자책한다. 이번에도 역시 자생 동백나무에 대한 사람들의 이해를 드높이기 위해 더 많은 연구와 노력이 부족했음을 후회한다. 독자들이 이 책을 읽고 자생 동백나무의 진정한 아름다움을 느끼고, 더 많은 관심을 쏟으며 개발에 힘써주기를 기대해본다.

2013년 가을

안영희

차례

8_ 우리나라의 대표적 동백나무 자생지

1

우리나라의 동백나무

우리나라의 동백나무

우리나라 남쪽 바닷가나 다도해 섬 일대에는 동백나무가 흔히 자란다. 물론 서해안 일부 지역이나 육지에서 자라기도 하고, 최근의 도시 열섬 현상에 의한 미기후적微氣候的 특성으로 서울을 비롯한 도심에서도 한두 그루 볼 수 있지만, 동백나무는 따뜻한 남쪽 바다를 상징하는 식물임이 틀림없다. 흔히 동백꽃을 일본을 상징하는 꽃으로 잘못 알고 있는 경우가 많다. 물론 일본 전역에 걸쳐 동백나무가 자생하고, 세계적으로 유명한 품종을 일본에서 개량한 경우도 많은 것이 사실이지만, 동백은 엄연히 한국을 비롯한 중국과 일본에 주로 분포하는 동아시아를 대표하는 식물이다.

우리나라에는 울릉도와 제주도를 비롯해 남부 지방에서 서해안 대청도에 걸쳐 동백나무가 자생한다. 우리나라의 동백나무는 기온이 낮은 겨울철에도 자라 꽃을 피우는 만큼 성질이 강하고, 꽃 색깔이 선명한 것이 특징이다. 이러한 동백나무와 동백꽃에 대한 우리 선조들의 사랑은 옛 문헌 곳곳에서 찾아볼 수 있다.

우리나라처럼 겨울철이 추운 온대 지역에서는 겨울에 야생에서 피는 꽃을 보기 어려운데, 이 시기에 동백나무는 꽃을 피우기 때문에 더욱 가치가 높고 많은 이의 사랑을 받았다. 우리나라에서는 동백나무 품종에 따라 11월부터 4월에 이르기까지 긴 기간에 걸쳐 꽃이 피고 지고를 지속한다. 보통 남부 지방에서는 3월 초순경이 개화기의 절정이며, 점차 북쪽으로 올라갈수록 개화기가 늦어져 4월 하순까지 아름다운 꽃을 감상할 수 있다.

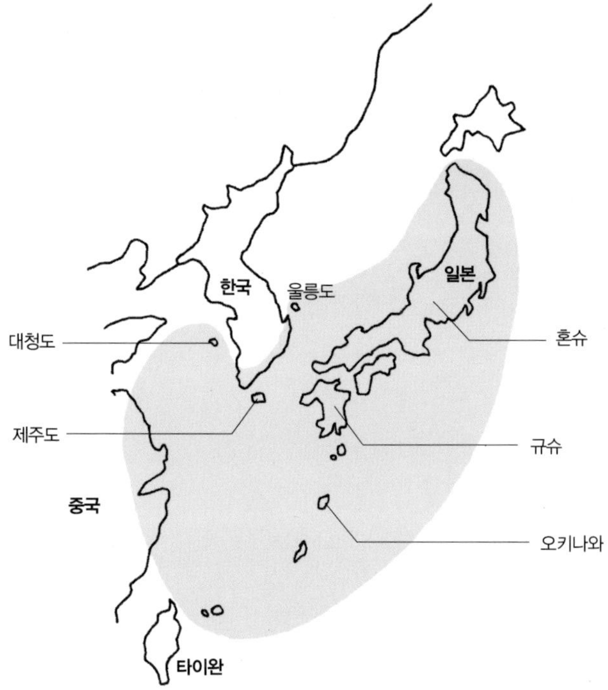

동아시아의 동백나무 분포 지역

하얀 눈이 쌓인 나뭇가지 사이로 붉게 핀 동백꽃은 춥고 삭막한 우리나라의 겨울을 아름답게 빛내준다. 조선 시대 세종 16년1434년에 장원급제한 태허정太虛亭 최항崔恒, 1409~1447년은 자신의 문집《태허정집

太虛亭集》에서 칠언율시 〈설중동백雪中冬柏〉을 통해 한겨울 세찬 눈보라를 견디고 피어나는 붉은 동백꽃의 아름다움과 봄이 가까이 왔음을 읊고 있다.

눈을 돌려보니 천 가지 꽃도 한 줄기 바람에 자취 없는데 轉眼千芳掃一風
너 홀로 납천臘天, 한겨울 풍경에 피어 있으니 애처롭구나 怜渠獨占臘天中
북제北帝, 겨울는 응당 경국傾國을 생각하고 也應北帝思傾國
동황東皇, 봄은 이로부터 오로지 공을 사양하겠지 自是東皇讓顓功
잎이 고와도 한속寒粟의 푸름이 나지 않았고 葉嫩不生寒粟碧
꽃의 선명함은 기꺼이 취해서 조홍潮紅을 빌렸구나 葩鮮肯借醉潮紅
여섯 겹 뚫고 나왔을 때 비로소 기이함이 나타났으니 六出圍時寄始見
곧바로 청명한 날 돋는 해의 광휘를 차단하리로다. 直須遮斷照晴曈

– 〈설중동백〉, 최항

동백나무의 형태

동백나무*Camellia japonica*는 식물분류학상 현화식물문門 〉 쌍떡잎식물강綱 〉 측막태좌목目 〉 차나무과科 〉 동백나무속屬의 목본식물이다. 단순하게 표현하면 쌍떡잎식물로 차나무과Theaceae의 동백나무속에 속하는 상록활엽성 아교목류이다. 우리나라에서는 7m 이내의 높이로 자라는 것이 보통이지만, 자생지의 토양과 채광 그리고 인위적 관리방법 등 여러 환경 조건에 따라 수고樹高, 나무 높이와 수형樹形, 나무 형태이 달라지는 경우가 많다. 지하부의 토심이 얕고 암반층이 발달한 곳이나 바람이 심한 지역에서는 줄기가 여러 갈래로 나뉘고 키가 작아 마치 관목처럼 자라기도 한다. 충분히 자란 자생 동백나무의 수피樹皮, 나무 줄기 껍질는 보통 회색빛이 도는 갈색으로 매끈하며 굵기는 10cm 안팎이다.

잎의 앞면은 광택이 나는 짙은 초록색이지만, 뒷면은 약간 노란빛을 띠면서 두껍고 번쩍거린다. 그러나 생육지의 채광 조건에 따라 잎이 노랗게 되기도 한다. 일반적으로 생각하는 것처럼 동백나무는 강한 햇빛을 좋아하는 양수陽樹는 아니다. 특히 햇빛이 잘 들지 않는 상록수림 속에서 생존해야 하는 어린 유목幼木 시절에는 내음성이 매우 강하며, 반그늘을 좋아하는 특성이 있다. 이 같은 동백나무를 햇빛이 너무 강한 양지에 식재하면 엽록소의 양을 스스로 줄여 잎이 노랗게 나타난다. 또 내리쬐는 남부 지방의 강렬한 햇살을 적당히 반사시키기 위해 잎의 표면이 매우 번쩍거리도록 진화했다. 이렇게 잎이 번쩍이는 까닭에 조엽수照葉樹의 한 종류로 분류하기도 한다. 잎 모양은 타원형이 일반적이고 잎 길이 또한 약 10cm이지만, 긴 타원형도 있듯이 크기나 모양은 자생지의 환경 조건은 물론 개체 간의 변이에 의해 약간씩 차이가 나타난다.

우리나라의 자생 동백나무는 붉은색 꽃이 잎겨드랑이나 가지 끝에 한 송이씩 붙어서 핀다. 꽃잎화판花瓣, petal은 보통 5~7장으로 꽃잎의 아래쪽은 서로 감싸고 있으며, 꽃받침잎악편萼片, sepal은 보통 꽃잎과 마찬가지로 5장이다. 많은 수술은 기둥처럼 둥그렇게 모여 있는데, 수술대화사花絲, filament는 흰색이고 꽃가루주머니약葯, anther는 노란색을 띤다. 멀리서 볼 때에는 짙은 녹색 잎이 꽃을 가려 눈에 띄는 화려함이 드러나지 않지만, 가까이에서 관찰하면 붉은색 꽃잎과 희고 노란 꽃술 그리고 꽃밥이 완벽하게 조화를 이룬 궁극의 아름다움에 매료되고 만다. 특히 군더더기가 없는 절제된 모양과 강렬한 색상은 오히려 순수한 소녀의 소박함과 차분함을 자아낸다. 동백꽃을 자세히 들여다보면 오래도록 기억에 남는 꽃으로 마음속에 자리할 것이다.

만개한 자생 동백나무 꽃

피기 직전의 동백나무 꽃봉오리

동백나무의 상징

《조선왕조실록》 태종 12년1412년에 "개성開城 유후사留後司의 유후留後인 이문화李文和가 동백을 임금님께 진상하니 저화楮貨: 고려 말에서 조선 초까지 사용한 종이돈 20장을 상으로 하사했다"는 내용이 기록되어 있다. 또 폭군으로 알려진 연산군은 재위 6년1500년과 11년1505년에 전라도 감사에게 "동백 대여섯 그루를 각각 화분에 심고 흙을 채워 모두 조운선漕運船에 실어 진상하라"라고 명할 정도로 동백을 아낀 것이 실록에 기록되어 있다.

꽃 색깔이 불꽃처럼 붉고 선명하지만 무성한 나뭇잎 속에서 결코 자신의 화사함을 드러내지 않고 다소곳이 핀 모습은 순수한 여인을 상징한다. 실상은 지극히 정열적으로 불타는 듯한 모습이지만, 결코 그렇게 보이지 않고 안으로 응집되어 절제된 강인함과 편안함이 느껴지는 꽃이다. 이런 탓에 동백의 꽃말은 '당신은 내 마음의 불꽃', '불타는 사랑', '겸손한 아름다움', '신중', '침착' 등 대부분 내면에 잠재한 뜨거운 정열과 외면에서 느껴지는 침착함을 표현하고 있다.

지금은 글이 전해지지 않지만, 고려 27대 충숙왕1294~1339년 때 문장과 각종 기예에 능한 문신 채홍철蔡弘哲, 1262~1340년이 유배지에서도 일편단심으로 왕을 그리워하며 〈동백목冬柏木〉이라는 글을 지어 올렸다고 《고려사高麗史》에 기록되어 있다. 아마 왕을 향한 자신의 충정을 붉은 동백꽃으로 표현하지 않았을까 생각한다.

동백나무는 꽃이 아름다운 대신 향기가 없는 것이 특징이다. 곤충의 활동이 거의 없는 추운 계절에 개화하므로 곤충을 유인하는 향기가 필요 없기 때문으로 추측한다. 향기가 없는 만큼 아주 순수한 이미지를 풍긴다. 그런 이유로 예로부터 동서양의 수많은 문인이 동백을 소재로 시를 짓고 소설을 쓰곤 했다. 《조선왕조실록》 중종 19년1524년에는 임금이 "설중황감雪中黃柑, 함장홍매含章紅梅와 더불어 금원동백禁苑冬柏이라는 세 가지 시제를 내어 율시律詩를 지어 바치라"라고 명한 것이 기록되어 있을 정도로 겨울철의 동백은 귤, 매화와 더불어 추위와 눈 속에서 더욱 아름답고 낭만적인 꽃으로 여겼다.

경남 통영이 고향인 청마青馬 유치환柳致環, 1908~1967년은 동백나무꽃을 그의 시 〈동백꽃〉에서 "목 놓아 울던 청춘의 피꽃"이라 표현했을 정도로 정열적이고 순수한 의미가 강했다. 핏빛보다 더 선명한 동백의 붉은색이 시인에게는 처절하도록 아름답고 순수하게 보인 것이다.

그대 위하여
목 놓아 울던 청춘이 이 꽃 되어
천년 푸른 하늘 아래
소리 없이 피었나니

그날

항상 종이로 꾸겨진 나의 젊은 죽음은
젊음으로 말미암은
마땅히 받을 벌이었기에

원통함이 설령 하늘만 하기로
그대 위하여선
다시도 다시도 아까울 리 없는
아 아 나의 청춘의 이 피꽃!

— 〈동백꽃〉, 유치환

또 교육자이며 애국지사인 현대 시인 소정素汀 정훈丁薰, 1911~1992년은 자신의 시 〈동백〉에서 매서운 추위와 백설로 표현한 겨울과 붉고 화사하게 핀 동백을 대비시켜 동백같이 정열적이고 뜨거운 사랑은 임을 향한 마음이라고 감정을 이입했다. 결국 동백을 통해 차가울수록 더욱 뜨거워지는 안타깝고 처절한 사랑을 표현한 것이다.

백설白雪이 눈부신
하늘 한 모서리
다홍으로
불이 붙는다.

차가울사록

사모치는 정화情火

그 뉘를 사모하기에
이 깊은 겨울에 애태워 피는가.

— 〈동백〉, 정훈

동백나무 꽃은 동서양의 많은 문학작품에서 불꽃처럼 타오르는 일편단심의 사랑과 인내하는 청춘의 상징으로 표현되고 있다. 아마 꽃으로 역할을 다한 동백이 온전한 형태 그대로 가지에서 뚝뚝 떨어지는 모습이 마치 내면의 비통함을 간직한 절개가 깊은 여인의 모습으로 비쳤으리라. 1936년 《조광朝光》에 발표한 김유정金裕貞, 1908~1937년의 〈동백꽃〉에서도 봄날을 배경으로 어느 산골 마을에서 소작인의 아들인 사춘기에 접어든 나와 마름의 딸 점순과의 천진난만한 사랑의 감정을 묘사했다.

강원도 춘천에서 태어난 김유정은 주로 자신의 생활이나 주변 인물을 소재로 단편소설을 많이 쓴 작가이다. 따라서 그의 작품에는 강원도 토속어나 비속어가 많이 나온다. 동백꽃이라는 제목과 달리 이 작품에 나타난 동백은 지금 이 책에서 이야기하는 동백나무의 꽃이 아닐 가능성이 높다. 왜냐하면 작품에 나타난 동백은 노란 동백꽃이라고 표현되어 있기 때문이다. 아마 그 동백꽃은 3월경에 노란 꽃이 피는 녹나무과의 생강나무*Lindera obtusiloba* Blume var. *obtusiloba*일 가능성이 높다. 생강나무는 우리나라 야산에서 흔히 볼 수 있는 목본식물이며, 특히 강원도와 경기도 일대에서 많이 자생한다. 실제로 강원도 일부 지역에서는 생강나무를 동백꽃 또는 산동백이라 부르기도 한다.

《조선왕조실록》 중종 14년1519년에 "강원도 강릉부江陵府에 날마다 이어서 장마가 지고 날씨가 따뜻하여 동백꽃이 피었다"라고 기록되어 있다. 강원도 강릉 지역은 푄föhn 현상과 바다의 영향으로 겨울철 기후가 온화하기는 하지만 내한성이 약한 동백나무가 자생하기는 어려운 기상 조건이다. 실제로 우리나라 동해안에서 동백나무 북한계선은 울릉도 혹은 울산시 목도目島, 춘도椿島로 알려져 있다. 따라서《조선왕조실록》에 실린 강원도 강릉의 동백꽃도 동백나무의 꽃이 아닌 생강나무의 꽃일 가능성이 높다.

이 같은 일련의 내용을 살펴보면 강원도에서 생강나무 꽃을 동백꽃으로 부른 역사는 상당히 오래되었음을 알 수 있다.

추운 겨울 흰 눈 속에서 붉게 피는 동백은 예로부터 청렴하고 절개가 드높은 이상적인 인간 모습을 상징했으며, 축복과 번영을 기원하는 상서로운 꽃으로 인식했다. 그러나 이렇게 고귀하게 여긴 동백도

생강나무 꽃

생강나무 열매

땅에 떨어진 동백나무 꽃

꽃이 질 때의 모습은 너무나 처연하다. 붉은색 꽃잎이 아직 온전히 형태를 유지하고 색깔도 선명한데, 꽃송이가 송두리째 뚝 떨어지고 만다. 꽃이 활짝 핀 상태에서 겨울의 짧은 햇살을 받으며 길게 머무르고 싶은 절정의 순간에 한 줌의 미련도 없이 홀연히 사라져 버리는 것이다. 동백나무 아래는 순식간에 떨어진 붉은 꽃송이들이 수를 놓는다. 매서운 한겨울 추위를 이기고 강인하게 피지만, 꽃이 질 때는 구차하게 나무에 매달리지 않고 한순간에 떨어지므로 사람들에게 더욱 동정심을 사는 것 같다. 나무 밑에 떨어진 동백꽃의 모습은 처절할 정도로 아름다운 비장미悲壯美의 극치를 보여준다. 여기에 비라도 내리면 물길에 쓸려 내려가는 붉은 꽃송이의 처절한 모습을 바라보지 않고는 동백을 제대로 감상했다고 할 수 없다.

진도 운림산방의 개화한 동백나무

이 같은 신성함과 처절함으로 인해 동백꽃은 조선 시대 토속신앙에서 성주신城主神의 하나인 황제신에 대해 축원하는 무가巫歌 〈황제풀이〉에도 다음과 같이 나타나 있다.

"솔을 심어 정자 심고 로송 심어 취병 틀고 청포도묘, 홍매화라 치자, 동백, 왜석류……."

동백나무 꽃의 비장미에도 불구하고 고금의 많은 사람이 남쪽 지방 곳곳에 정자를 짓고 동백의 아름다움을 감상했다. 전남 진도를 비롯해 순천, 전북 남원, 부산 동래 등 여러 곳에 동백정冬柏亭이라는 이름의 오래된 정자가 지금도 남아 있다. 옛 선인의 작품, 즉 고경명高敬命, 1533~1592년과 이항복李恒福, 1556~1618년의 시에도 비인현庇仁縣의 동백정이 나타나고, 김종직金宗直, 1431~1492년은 무장현茂長懸의 동백정을 소재로 시를 읊기도 했다.

아름다운 꽃이 속절없이 떨어지는 낙화에 대해 일부 지역에서는 불길하다고 여기기도 했다. 지금도 우리나라 일부 도서島嶼 지역이나 제주도에서는 동백나무를 집 안에 심지 않는 풍습이 있다. 특히 봉건 시대, 칼刀을 무기로 사용하던 일본 무사는 꽃송이가 통째로 떨어진 모습이 마치 목이 잘린 무사를 상징한다고 해 매우 꺼렸다고 한다. 이런 이유인지 모르지만 의외로 일본에서는 동백나무에 대한 오래된 시가詩歌를 발견하기가 쉽지 않다. 우리 《국어사전》에도 춘사椿事라는 단어가 있는데, '뜻밖에 일어나는 불행한 일'이라고 풀이되어 있다. 춘椿은 동백나무를 뜻하고 사事는 일을 뜻하니, 말 그대로 동백나무에 일어난 일이라고 할 수 있다. 더없이 화려하던 동백꽃이 일순간 떨어져 사라지는 것을 보고 이 같은 단어가 생겨난 것으로 본다.

이렇게 아름다움과 애절함이 함축된 동백나무 꽃은 여러 유행가 가사의 주제가 되기도 했다. 대표적 대중가요로 1964년에 한산도 작사, 백영호 작곡, 이미자가 불러 무려 35주 동안 가요 순위 1위를 차지하며 10만 장 이상의 음반을 판매해 대히트한 곡이 있다. 바로 그 유명한 〈동백 아가씨〉이다. 그러나 노래의 가사가 왜색풍倭色風이라는 이유로 오랫동안 방송이 금지되는 불운을 겪기도 했다. 동백나무의 자생지가 일본이라고 인식한 그릇된 사고방식에서 나온 무지한 조치였다.

헤일 수 없이 수많은 밤을
내 가슴 도려내는 아픔에 겨워
얼마나 울었던가 동백 아가씨
그리움에 지쳐서 울다 지쳐서
꽃잎은 빨갛게 멍이 들었소
동백 꽃잎에 새겨진 사연
말 못 할 그 사연을 가슴에 안고
오늘도 기다리는 동백 아가씨
가신 임은 그 언제 그 어느 날에
외로운 동백꽃 찾아오려나.

– 〈동백 아가씨〉, 한산도 작사, 백영호 작곡, 이미자 노래

떠난 임을 기다리는 여인을 동백꽃으로 은유해 여인의 한을 표현한 〈동백 아가씨〉는 당시 많은 사람의 심금을 울렸다. 또 같은 해, 신성일과 엄앵란 주연의 영화로도 개봉했다.

이렇듯 동백은 원산지도 동양이며 이미지도 고전적인 수줍음, 사랑, 기다림, 외로움, 절개 같은 지극히 동양적인 꽃이다. 그러나 서양에도 동백을 주제로 한 문학작품이 있다. 프랑스의 대표적 소설가 알렉상드르 뒤마1824~1895년는 1848년 장편 연애소설 《춘희La Dame aux camelias》를 발표했다. 이 소설 속 아름답고 불행한 여주인공 마르그리트 고티에의 별명이 '춘희椿姬, 동백 아가씨'였다. 춘희와 순진하고 정열적인 청년 아르망 뒤발의 비극적 사랑을 그린 이 소설이 불티나게 팔리면서 동백꽃은 유럽에서 선풍적 인기를 끌기도 했다. 당시에는 소설 속 여주인공처럼 흰 동백과 붉은 동백을 번갈아 들고 다니거나, 옷깃에 동백꽃 코르사주corsage를 꽂고 파티에 나가는 것이 유행이었다.

이 소설을 소재로 1853년 이탈리아의 작곡가 베르디는 3막 5장의 유명한 오페라 〈라 트라비아타La Traviata〉로 각색, 공연해 세계적으로 선풍을 일으켰다. 우리나라에서도 〈춘희〉라는 이름으로 수시로 공연하는 오페라이기도 하다.

동백나무의 이용

동백나무에서는 기름을 얻을 수 있는데, 종자의 종피種皮, 씨껍질를 제거한 후 배유에서 질 좋은 식물성 기름을 짠다. 동백기름camellia seed oil은 연한 갈색으로 맑고 투명해서 잘 굳지도 않고 강한 향기가 없으며 불휘발성으로 예전부터 생활에 널리 이용해왔다. 식물성 유지 작물油脂作物이 흔치 않던 옛날에 동백기름은 질 좋은 식용유, 약용유, 화장유, 등잔 기름 등으로 사용했다. 특히 특별한 화장품이 없던 시절 여인들의 고급 머릿기름이나 목욕 후 향장유香粧油 등으로 사랑받았다. 조선 시대에 임신한 왕비의 태교를 위해 저술한 《태교보감》에는 "임신한 왕비는 화장유인 동백기름을 이용해 피부와 머리를 가꾸었다"라며, 그 효능에 대해 "동백기름은 피부를 탄력 있고 윤택하게 가꾸어주기 때문에 피부 관리에 좋다"라고 나와 있다.

전남 담양군 남면 지곡리에 위치하는 우리나라의 대표적 한국 정원인 소쇄원瀟灑園의 애양단愛陽壇 담벼락 옆에 자라는 흉고 지름胸高直徑 약 20cm의 동백나무는 주인 양산보梁山甫, 1503~1557년가 부모님께 머릿기름을 발라드리기 위한 효심으로 심었다고 전해진다. 그만큼 우리나라에서 동백기름은 귀중한 진상품으로 여겼다.

《조선왕조실록》에 나타난 기록을 보면, "단종 2년1454년에 전라도 방

담양의 소쇄원

물方物인 동백유冬柏油는 지금부터 진상하지 말도록 하라"라고 승정원承政院에 전지傳旨했다는 내용이 있다. 진상품을 마련하기 위해 애쓰는 고단한 백성을 배려하는 임금님의 지시였으리라. 또 국가에서 동백기름을 관리하기 위해 세금을 부과한 기록도 남아 있다. 구한말에 발간한 〈한성순보漢城旬報〉의 1883년 12월 20일 자에는 "동백기름山茶油에 대해 가격의 100분의 8에 해당하는 금액을 세금으로 징수했다"라는 기사가 있다.

그 외에도 〈한성순보〉 1884년 7월 13일 자에는 누에치기에 관한 책으로 《양잠잡기養蠶雜記》를 소개했는데, 그 내용 중 뽕나무의 해충을 예방하기 위해 강자인江子仁: 대극과 식물인 파두*Croton tiglium*의 종피를 벗긴 것 가루에 불휘발성인 동백기름을 섞어 나무에 바르거나, 석회를 섞어 뽕

소쇄원의 동백나무

나무에 바르면 뽕나무 잎에 해충이 생기는 것을 막을 수 있다는 특별한 용도도 기록되어 있다.

2

동백나무의 이름

동백이라는 이름의 유래

우리나라에서는 보통 '동백'이라 부르는 동백나무의 식물명은 참으로 여러 가지가 있다. 그러므로 여러 고문헌에 나타난 동백나무에 대한 표현이나 기록을 제대로 파악하지 못하면 혼란이 일어난다. 우리가 흔히 사용하는 동백은 한자어 동백冬柏 또는 동백椋柏을 표음한 것으로, 우리나라에서만 사용하는 식물명이다. 동冬은 겨울을, 백柏은 잣나무를 뜻하니 말 그대로 옮기면 '겨울의 잣나무'라고 풀이할 수 있다. 짐작건대 겨울철에도 잎이 늘 푸른 상록성 동백나무의 식물학적 특성을 상록침엽성 교목인 잣나무에 빗대어 이렇게 표현한 것 같다.

잣나무

잣나무 열매

동백나무의 상록성을 송백松柏, 소나무와 잣나무에 비유해 칭송한 글이 실학자 신경준申景濬, 1712~1781년의 《순원화훼잡설淳園花

卉雜說》에 나타나 있다. 그는 이 책에서 정원에 자라는 각종 꽃과 나무에 대해 각각 특징을 설명하고 느낌을 기록했다. "소나무와 잣나무는 상록성으로 추운 겨울에도 푸른 절조를 자랑하지만, 동백나무는 상록성이면서 추운 겨울에 아름다운 꽃도 피울 수 있어 더욱 가치가 있다"라고 했다. 그러나 내한성이 약해 북쪽 지방에서는 재배하기 어렵다는 아쉬움을 덧붙이기도 했다.

여러 문헌을 통해 고찰해보아도 동백나무 이름에 대한 정확한 어원과 이름이 정해진 시기는 제대로 밝혀진 바 없다. 그러나 동백이라는 식물명은 아주 오래전부터 사용한 것으로 짐작한다. 동백나무와 유사한 이름의 식물로 쪽동백나무*Styrax obassia*가 있으나, 이 식물은 때죽나무과의 교목성 식물로 동백나무와는 식물학적으로 전혀 연관이 없다. 동백나무가 주로 따뜻한 남쪽 지방에서 자라는 데 비해 쪽동백나무는 우리나라 전국에서 자라 분포하는 특징도 다르다. 예전에는 값

쪽동백나무 꽃

쪽동백나무 열매

비싼 동백기름 대신 쪽동백나무 종자로 기름을 짜서 불을 밝히고, 여인들의 머릿기름으로 사용했다고 하니 아마도 용도가 비슷해 이 같은 식물명이 붙은 듯싶기도 하다.

우리나라에서 동백이라는 식물명이 처음으로 등장한 문헌은 고려 시대 문인 이규보李奎報, 1168~1241년가 저술한《동국이상국집東國李相國集》이라 할 수 있다. 그는 한시漢詩에서 동백을 서정적으로 표현하고, 소나무와 잣나무에 비유한 것으로 보아 적어도 고려 시대부터 동백이라는 식물명을 흔히 사용한 것으로 추측할 수 있다.

복숭아꽃 오얏꽃이 비록 고우나 桃李雖夭夭
다소 천박한 듯하여 믿기 어렵고 浮花難可恃
소나무 잣나무는 특별한 교태 없으나 松柏無嬌顔
추위를 견디므로 귀히 여기는구나 所貴耐寒耳
여기에 좋은 꽃을 피우는 나무가 있어 此木有好花
눈 속에서도 능히 꽃을 피우나니 亦能開雪裏
알고 보면 잣나무보다 나으니 細思勝於柏
동백이란 그 이름이 맞지 않도다. 冬栢名非是

- 〈동백화冬栢花〉, 이규보

또 고려 시대 역사를 기록한《고려사高麗史》년에 나타난〈한림별곡翰林別曲〉에 서술한 화훼류에 모란, 함박꽃, 매화, 장미 등과 더불어 동백이라는 식물명이 나타나 있다.

조선 시대 영조 4년1728년에 남파南坡 김천택金天澤이 고려 시대 말부터 조선 시대 편찬 당시까지 구전 또는 일반인에게 널리 전해오던 시조를 모아서 《청구영언青丘永言》이란 고시조집을 엮어 펴냈다. 이 시조집 안에 수록된 동백 관련 작품에는 얼굴이 고운 스님이 헌 누비옷을 입은 모습을 무성한 소나무 숲 속에서 흰 눈에 덮인 한 떨기 동백꽃에 비유했다. 이와 같이 우리나라에서는 동백을 오래전부터 고귀한 꽃으로 여겨온 것 같다.

어와 보완졔고
어와 보았구나

어와 보완졔고 져 선사임禪師任 보완졔고
어와 보았구나. 저 선사님을 보았구나

져러틋 고은 양ᄌ 헌 누비의 ᄊ이엿는고
저렇듯 고운 모습이 헌 누비에 싸여 있는가

납설중臘雪中 동백화冬柏花 ᄒᆞᆫ 가지가 노송老松 속의 들미라.
납설 속에 핀 동백꽃 한 가지가 노송 속에 들어가 있음이라.

－《청구영언》 중, 저자 미상

동백나무에 대해 최초로 자세히 기술한 문헌은 조선 시대 문신 강희안姜希顔, 1417~1464년이 저술한 《양화소록養花小錄》이라 할 수 있다. 《양화소록》은 동백나무뿐 아니라 화훼류 16종에 대한 재배법과 감상법은 물론, 식물과 관련한 속성과 격언도 기술한 원예 백과사전이다. 특히 저자 자신의 주관적 지식과 당시 문화 선진국이던 중국의 문헌을 참조해 체계적으로 기술한 문헌이다. 이 책에서 동백나무는 산다화山茶花로 표현했고, 속명은 동백冬栢이라 했다.

조선 시대 문신으로 글씨와 문장에 능한 서거정徐居正, 1420~1488년이 지은 한시를 보면 그 제목을 〈산다화山茶花〉라고 해 산다화와 동백을 혼용해 사용한 것을 알 수 있다.

한겨울의 온화한 기운 속에 홀로 싹이 터 歲寒和氣獨胚胎
모든 꽃이 진 후에 여유 있게 반쯤 피어났네 却殿羣芳恰半開
격조는 스스로 높아 서리 내린 후에 비로소 보이고 格調自高霜始見
풍류는 비할 바 없는 눈과 함께 찾아오는구나 風流無伴雪同來
꽃에 몹시 이끌리어 천 번이나 맴돌았고 苦牽花惱巡千匝
꿈속에서라도 향기 사라질까 얼마나 근심하였던가 生怕香殘夢幾回
애타게 생각하며 화당의 옥상을 바라보니 苦憶畵堂屋上看
몇 가지에 비낀 꽃 그림자는 붉은 매화와 함께 있네. 數枝斜影竝紅梅

— 〈산다화〉, 서거정

원래 산다화라는 식물명은 중국에서 동백나무를 일반적으로 일컫는 말로 오늘날에도 사용하고 있다. 나무의 어린잎을 따서 가공해 차로 만드는 나무가 차나무*Camellia sinensis*이다. 그런데 동백나무를 나타내는 말에도 차나무를 뜻하는 다화茶花 앞에 산山이 붙어 있다. 보통 특정한 사물의 이름 앞에 산 자가 붙으면 '야생의'라는 뜻이 있으므로 동백나무를 '야생하는 차나무과의 식물'이라는 의미로 사용한 듯하다.

어원이야 어떻든 동백나무는 차나무과의 대표 식물이라는 것은 분명하다. 우리나라의 고문헌들을 살펴보면 동백나무에 대한 식물명으로 산다화와 동백을 가장 흔히 사용했다. 《양화소록》에서는 재배하는 동백나무의 변이로 화색, 화형, 엽형 등에서 다양한 품종이 있음을 기록했다. 특히 재배종 동백나무에 대해 "겨울에 피면 동백冬柏이라 하고, 봄에 피면 춘동백春冬柏이라 한다"라고 설명했다. 또 우리나라의 동백나무와 형태적으로 매우 유사하지만, 화형이 겹꽃 혹은 반겹꽃의 재배종 동백나무를 '천엽다千葉茶'라는 이름으로 소개했다.

아직 육종에 의한 겹꽃 동백나무 품종이 흔하지 않던 시절이므로 자생 동백나무와는 달리 반겹꽃처럼 보이는 애기동백나무*Camellia sasanqua*나 중국이 원산지인 운남동백*C. reticulata*일 가능성이 높다. 애기동백나무는 동백나무와 마찬가지로 차나무과 동백나무속의 식물로 잎이 상대적으로 작고 어린 가지, 엽맥, 잎 뒷면, 자방子房, 과피果皮 등에 가는 털이 있으며 상대적으로 이른 가을부터 꽃이 피는 특징이 있다. 자생지는 일본이며 무엇보다 다른 점은 꽃이 질 때 동백나무처럼 송이째 뚝뚝 떨어지는 것이 아니라, 꽃잎이 낱낱이 떨어진다.

운남동백은 동백나무에 비해 상대적으로 꽃이 크고 화색도 화려한 것이 특징이다. 《양화소록》에 의하면 이미 조선 시대에 일본 혹은 중국 원산지의 외래종 동백나무가 전래되어 재배하고 있었음을 알 수 있다. 그러나 운남동백은 내한성이 매우 약해 우리나라에서 재배하기 쉽지 않은 종이므로 애기동백나무일 가능성이 더 높다고 본다. 《양화소록》에는 이 밖에도 동백나무의 접목接木, 삽목揷木 등의 영양 번식 시기와 방법에 대해서도 자세히 기술되어 있다.

또 전해지는 《양화소록》의 일부 사본에 부록으로 실린 조선 시대 선비 유박柳璞, 1730~1787년이 화훼 재배 경험을 바탕으로 저술한 《화암수록花菴隨錄》이 전해지고 있다. 《화암수록》은 화훼 전문서로 45종의 초화류와 화목류를 '화목구등품제花木九等品第'라 하여 독자적 미적 기준에 따라 9등급으로 나누어 품평했다. 여기에서 동백나무는 치자나무梔子, 만년송萬年松, 사계四季, 종려棕櫚와 더불어 3등급으로 평가되었다. 3등급에 속하는 식물은 다른 식물에 비해 운치韻致가 있는 것이 특징이다. 별도로 화품평론花品評論을 통해 "동백나무는 평범하지만 도골선풍道骨仙風의 분위기가 있어 세속과 단절하고, 사람들과 떨어져 사는 듯한 고상한 느낌의 꽃"으로 품평했다. 또 꽃이 고상하고 번쩍거리는 상록성 잎은 꽃들의 무리 중 단연 으뜸이고 복福을 갖춘 꽃이라고 설명

자생 동백나무의 개화한 모습

했다. 이와 함께 동백나무의 다른 이름으로 '산다山茶' 또는 '선우仙友'라 한다고 기록했다.

동백나무의 이름에 대해서는 같은 한자 문화권이면서도 한국, 중국, 일본이 각기 다르다. 우리나라에서는 오늘날 '동백나무'를 정식 식물명으로 사용하지만, 예전에는 동백 혹은 산다화라는 이름을 널리 사용한 것으로 알려져 있다. 중국 수隋와 당唐 시대의 문헌에는 동백나무를 '해류海榴', '해석류海石榴', '해홍화海紅花'라는 이름으로 기록되어 있다. 바다를 통해 건너온 외래 식물로 석류같이 생긴 열매가 달린다는 의미로 해류한자 '榴'는 석류의 의미 혹은 해석류라고 한 것 같다. 이와 비슷한 맥락으로 바다를 건너온 붉은 꽃이 피는 식물이란 의미로 해홍화라 불렀을 것으로 추측한다.

당나라 시인 이백李白의 시문집《이태백집李太白集》에도 "해홍화는 신라에 있으며 꽃이 매우 선명하다海紅花 出新羅國 甚鮮"라고 기록되어 있다. 또 중국의 옛 백과사전《유서찬요類書纂要》에는 "신라국의 해홍화는 곧 산다를 말한다新羅國海紅 卽淺山茶"라고 기록되어 있고, 16세기 말엽에 완성한《본초강목本草綱目》에는 "해석류는 산다라고 해야 한다"라고 적혀 있다. 그러나 현재 중국에서는 동백나무를 포함한 모든 동백나무속*Camellia genus*에 속하는 종을 '산다화山茶花'로 표기하는 경향이 있다.

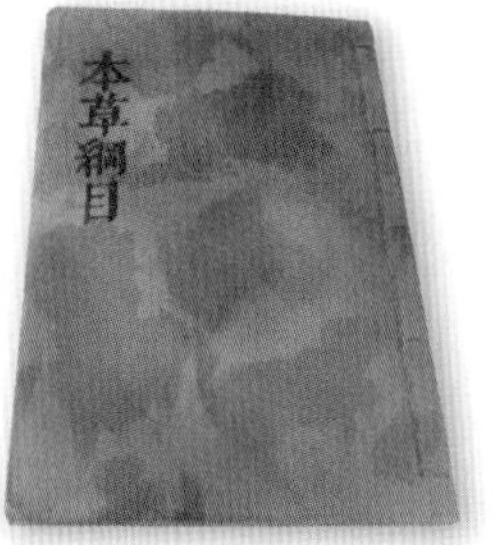

《본초강목》

우리나라의 삼국 시대, 고려 시대, 조선 시대의 문헌에는 한자를 기록 문자로 사용했으므로 이 같은 중국의 다양한 동백나무 이름을 혼용해 사용했다고 볼 수 있다. 예를 들어 조선 중기의 유학자 이수광李睟光, 1563~1628년이 지은 백과사전《지봉유설芝峰類說》에는 "해홍화海紅花가 곧 산다山茶"라고 설명하고 꽃이 큰 것을 산다, 작은 것을 해홍화로 기록했다. 홍만선洪萬選, 1643~1715년이 편찬한 농업서적《산림경제山林經濟》에도 동백을 산다화로 표현했다. 이렇듯 상당기간 동안 동백과 산다화라는 식물명을 함께 사용했다.

《산림경제》

일본에서 가장 오래된 역사책으로 일컫는《일본서기日本書紀》와 시가집《만엽집万葉集》에는 동백나무를 중국과 마찬가지로 해석류로 기록하고 있다. 이는 중국의 영향을 받아 외래어로 표기한 것으로 짐작할 수 있다. 그러나 오늘날 일본에서는 동백나무를 '쓰바키tsubaki'라 부르고 '춘椿'으로 표기한다. 한자 춘椿의 의미는 우리가 알고 있는 동백나무가 아니라, 높이 약 20m에 이르도록 자라는 멀구슬나무과Meliaceae의 낙엽활엽성 교목 참죽나무*Cedrela sinensis*를 일컫는 식물명이다. 하지만 일본에서는 유독 춘椿을 동백나무로 표현한다. 일본식 표기이므로 앞으로 바꾸어야겠지만, 우리나라에서도 일부 낱말에 춘椿을 붙여 동백나무를 나타내는 경우가 있다. 예를 들어 앞에서 언급한 알렉상드르 뒤마의 장편소설《춘희椿姬》와 같은 것이 있다. 굳이 우리말로 바꾸어 표기하면《동백 아가씨》가 옳다.

동백나무의 학명

모든 사물에는 고유한 이름이 있는 것처럼 식물에도 특정한 이름이 있다. 식물 이름은 표준화된 일반명과 학명으로 표기한다. 일반명은 그 지역 언어로 만든 이름으로, 이해하기 쉽고 친근감이 있어 나라에 따라 고유하게 명명해 통용하고 있다. 이 일반명은 지역적으로 친근감은 있으나 지역과 언어에 따라 공통으로 사용하지 못하고 혼란을 가져오기도 한다. 사람의 이름이 대부분 하나인 것과 마찬가지로 식물 이름도 고유한 이름이 있어야만 혼란이 없다. 우리나라에서는 이와 같은 통일된 식물 이름을 '국가표준식물목록Korean Plant Names Index'으로 정리해 혼란을 막고 있다.

식물에서의 일반명은 보통명 혹은 국명이라고도 하며, 우리나라에서의 '동백나무', 중국의 '산다山茶', 일본의 '쓰바키' 같은 이름이 동백나무에 대한 각국의 일반명에 해당한다.

흔히 부르는 '동백'이라는 이름은 일반명이 정해지기 전부터 오랫동안 사용해온 관행적 이름이거나, 특정한 지역에서 부르는 향명鄕名이다. 또는 식물의 이름과는 별개로 동백나무의 꽃만 일컬어 '동백'으로 부르는 경우이다.

이 같은 식물 이름에 대한 혼란을 막기 위해 식물 형태, 생태, 유전적 유연 관계에 근거한 학술적 명명규약에 따라 라틴어 혹은 라틴어화한 이름을 붙인 과학적 학명scientific name이 붙는다. 학명은 두 부분으로 이루어지는데, 속명genus name과 종명species name으로 나타낸다. 이처럼 속명과 종명 두 개의 단어로 생물 이름을 표기하는 방법을 이명법二名法이라 한다. 이때 앞의 속명은 라틴어 혹은 라틴어화한 명사로, 종명은 형용사형으로 나타낸다.

동백나무의 학명은 '*Camellia japonica* L.'로 표기한다. *Camellia*는 동백나무의 속명이고 *japonica*는 종명에 해당한다. 또 L.은 동백나무의 명명자인 린네를 약자로 나타낸 것이다. 이러한 식물의 명명법은 국제식물명명규약International Code of Botanical Nomenclature, ICBN에 따라야 한다.

스웨덴의 식물학자 린네Carolus Linnaeus, 1707~1778년는 동백나무를 비롯한 동백나무류의 속명을 *Camellia*로 명명했다. 카멜리아는 당시 유명한 약제사로 필리핀에서 객사한 보헤미아Bohemia 출신의 게오르그 요셉 카멜Georg Josef Kamel, 1661~1706년을 기려 붙인 이름이다. 카멜은 지금의 체코 서부 보헤미아 출신 선교사이자 약제사였다. 열대의 덥고 독충이 들끓는 오지에서 기독교를 선교하고 식물을 연구하던 그를 기념하는 의미에서 동양의 가장 아름다운 꽃에 그의 이름을 붙인 것이다. 그러나 당시에는 동양의 동백나무가 유럽에 정식으로 소개되기 이전이므로 학명을 붙인 린네는 물론 카멜도 석엽 표본이 아닌 살아 있는 동백나무를 실제로 본 적은 없었을 것으로 추측한다. 종명 *japonica*는 '일본이 원산지인 식물'이라는 의미이다. 그러므로 동백나무의 학명 *Camellia japonica* L.은 '일본이 원산지인 동백속의 식물로 린네가 명명함'이란 학술적 의미를 지닌다.

현재 우리가 재배하는 동백나무는 야생 상태의 기본종은 물론 분류학적으로 별도의 분류군으로 명명된 아종과 변종을 비롯해 새롭게 육종하거나 상업적으로 재배하는 품종은 별도의 이름이 붙는다. 아종subspecies은 동일한 종 내의 다른 집단과 지리적으로 격리되어 있거나 자생지 유형을 달리하는 식물 집단을 일컫는데, 종명 뒤에 subsp. 또는 ssp.로 표기한다. 변종variety은 자연 상태 혹은 인위적 재배 과정에서 형질 변화가 나타난 경우로 var.로 나타낸다. *C. japonica* var. *macrocarpa*는 일본에 자생하는 종으로 '사과동백' 또는 '야쿠시마동백'이라고 한다. 일본의 가고시마鹿兒島현 야쿠시마屋久島에서 보고된 동백나무의 변이종으로, 동백나무 기본종에 비해 열매가 지름 약 7cm 정도로 매우 큰 것이 특징이다.

품종명cultivar은 사람의 이름이나 형질 특성, 취향, 상업 목적 등을 바탕으로 붙이는 경우가 많으며 종명 뒤에 cv. 혹은 품종명을 작은따옴표' '로 묶어준다. 예를 들어 일본에서 자연 상태의 동백나무로부터 선발해 재배 품종이 된 '미호노세키'는 화색이 선명하고, 화형은 사발형으로 꽃잎의 중간부터 밖으로 크게 꺾이는 홑꽃이지만 크고 풍성한 느낌이 나는 원예종이다. 이 품종을 나타내는 표기법은 *Camellia japonica* cv. Mihonoseki 또는 *Camellia japonica* 'Mihonoseki'이다.

또 육종을 위한 인위적 교잡이나 자연적 교잡에 의한 잡종hybrid은 종명 사이에 'X'를 넣어 표기한다. 특히 새로운 종명이 정해진 경우에

미호노세키 *Camellia japonica* cv. Mihonoseki

는 그 앞에 'X'를 써서 종간잡종임을 나타낸다. *C. X wabiske*는 관목성 동백나무류로 일본 원산의 *C. japonica* var. *japonica*와 차나무*C. sinensis* 혹은 중국 원산 동백나무류와의 잡종으로 꽃이 작고 수술이 퇴화한 종이다. 동백나무는 오랜 기간 많은 원예가에게 사랑받아온 만큼 품종 또한 다수 육성되어 그 이름의 표기도 복잡하게 발달했다.

학명: *Camellia japonica* L. 카멜리아 자포니카
식물명: 동백나무
영명: Common Camellia, Rose Camellia
일어명: ツバキ
한자명: 山茶, 茶花, 海石榴
염색체 수: 2n = 30

3
자생 동백나무

자생 동백나무의 생태적 특성

운동성이 없는 식물이 종을 유지하고 자생하는 영역을 확장하기 위해서는 번식력이 왕성해야 한다. 보통 식물은 종자에 의해 번식하는데, 종자는 수술의 꽃가루가 암술머리로 전이되어 씨방 속 밑씨가 수정함으로써 이루어진다. 이를 식물의 유성생식有性生殖이라 한다. 동백나무는 물론 대부분의 고등식물은 이러한 수정fertilization 단계를 거치지 않고 삽목, 취목取木, 접목, 분주分株 등 무성생식無性生殖으로 번식하기도 한다.

추운 겨울부터 이른 봄에 걸쳐 개화하는 동백나무는 활동하는 나비나 벌 같은 곤충이 없으므로 수분受粉이 일어나기 어렵다. 그래서인지 동백나무는 다른 유사한 수목류에 비해 자신만의 비책을 가지고 있는데, 상대적으로 꽃이 크고 색깔이 선명하며 꽃의 밑부분에 진하고 많은 양의 꿀을 저장하고 있다. 이런 조건들이 동백나무의 수정을 도와주는 동박새*Zosterops japonicus*를 동백나무에 서식하도록 유인한다. 동박새는 추운 겨울을 나기 위해 열량이 많은 꿀을 좋아하고, 이 꿀을 빨아 먹는 과정에서 동백의 수분을 도와준

동박새

다고 알려져 있다.

조선 중기의 유학자 이수광은 우리나라 최초의 백과사전이라 할 수 있는 《지봉유설》에서 "동백나무는 남쪽 지방 바닷가에 자란다. 잎은 겨울에도 푸르고, 10월 이후에야 꽃이 핀다. 꽃의 빛깔은 진홍빛이고 오래되어도 시들지 않는다. 이 꽃은 대개 옛날에 말하던 산다화이다. 꽃이 필 때마다 푸른 새가 날아와서 꽃 순을 먹으며, 밤이 되면 그 나무에서 자기도 한다"라고 밝혔다. 여기에서 서술한 푸른 새가 동박새일 것으로 추정한다. 이처럼 새가 수분 매개체 역할을 해 종자를 맺는 식물의 꽃을 조매화鳥媒花라 한다.

식물은 수분과 종의 생존을 위해 동물과 상호작용하며 공동 진화하는 경우가 많다. 곤충이나 새, 포유류 등이 식물의 꽃가루나 종자를 옮겨주기도 하고 식물의 안전을 위해 방패 역할을 하기도 한다. 이러한 역할을 하는 동물에게 식물은 먹이나 보금자리를 제공한다. 수분을 위해 식물의 꽃은 화려한 색깔과 향기, 달콤한 꿀로 동물을 유혹하며 동물은 이를 잘 찾아낼 수 있는 감각 시스템을 갖추도록 진화를 거듭해 왔다. 식물의 꽃에서 생성되는 꿀은 몇 가지 당분과 아미노산 그리고 미량의 염류·산·정유 성분 등이 함께 용해된 것으로, 곤충이나 새들을 비롯한 수분 매개체가 중요한 영양분 또는 먹이로 이용하는 경우가 많다.

낮에 꽃을 피우고 꿀을 생성하는 식물은 주로 벌이나 나비가 수분을 담당하고, 달맞이꽃이나 일부 원추리류같이 밤에 피는 꽃의 꿀은 나방류를 불러들인다. 그리고 새에 의해 수분되는 꽃도 의외로 많아서 이런 꽃은 주로 새가 활동하는 낮에 개화하고 꿀을 풍부하게 품고

극락조화

하와이무궁화

있으며, 화색은 대부분 선명한 붉은색이나 진한 분홍색 같은 붉은색 계통이다. 열대나 아열대 지역에 분포하는 꽃은 주로 새에 의해 수분되는 경우가 많다. 관상식물로 흔히 사랑받는 열대성 식물인 샐비어 *Salvia officinalis*, 극락조화*Strelitzia reginae*, 하와이무궁화*Hibiscus rosa-sinensis* 등이 대표적 조매화이다. 또 남아메리카에 많이 서식하는 벌새*Patagona gigas*, 아프리카의 태양새*Cinnyris coccinigaster*, 남태평양 일대의 꿀빨이새*Drepanis pacifica* 등을 비롯해 상당수의 조류가 식물의 수분 매개체로 활동한다. 이들은 주로 낮에 활동하고 시각 능력이 뛰어나며 대부분의 종에서 몸길이에 비해 부리가 긴 특성이 있다. 동박새도 동백나무의 꿀을 섭취하기 위한 과정에서 수분을 돕는 수분 매개체라 할 수 있다.

동백나무가 자라는 상록활엽수림은 1년 내내 잎이 떨어지지 않는 푸른 상록성 활엽수들로 이루어진 숲을 일컫는다. 지구 상에 분포하는 상록활엽수림은 생태학적으로 열대다우림熱帶多雨林, 경엽수림硬葉樹林, 조엽수림照葉樹林으로 구분한다. 열대다우림은 기온이 높고 강수량

인도네시아 판그랑고 국립공원Gede Pangrango National Park 열대우림

이 많은 열대 지역에 형성된 숲으로, 수고가 50m 이상 되는 교목류가 군락을 이룬다. 이 교목의 기부基部에는 판근板根, buttress root: 열대 지역의 큰 나무를 지탱하기 위해 평판 모양의 뿌리가 지상으로 노출된 것이 발달하고 휴면기가 없으며, 야자과 또는 대형 초본성 식물이 함께 자란다.

경엽수림은 겨울철에 비가 많이 오는 지중해성 기후대에 주로 발달하는 숲으로, 수피가 두껍거나 가시가 돋은 식물이 많이 자란다. 나뭇잎은 작고 단단해 증산 작용에 의한 수분 손실을 최소화함으로써 여름철의 건조한 기후에 견디는 아교목과 관목성 수종이 많다.

조엽수림은 아열대에서 난온대 지역에 걸쳐 광범위하게 형성되는 숲으로, 겨울철 추위에 견디고 물리적으로 스스로를 보호하기 위해 잎 표면에 큐티클cuticle층이 발달한 식물들이 자란다. 따라서 대부분의 종은 동백나무처럼 잎이 두껍고 번쩍이는 광택이 난다. 이는 남부 지방의 강한 태양 광선을 어느 정도 반사시켜 식물 체내의 과도한 온도 상승을 방지하기 위한 수단이다. 우리나라 남부 지방의 상록활엽수림은 이 같은 수종으로 이루어진 조엽수림이다.

우리나라의 조엽수림은 지역과 지형 그리고 기후에 따라 차이가 있겠지만, 자연환경이 잘 보전된 지역에서는 가장 상층부인 교목층에는 후박나무 · 까마귀쪽나무 · 메밀잣밤나무 · 구실잣밤나무 · 사스레피나

왕모람

모람

예덕나무

송악

콩짜개덩굴

넉줄고사리

무 · 가시나무 등이 자라고, 아교목층에는 감탕나무 · 동백 · 생달나무 · 광나무 · 예덕나무 등이 자란다. 해안가에 자생하는 동백나무와 함께 곰솔 등이 혼생하기도 한다. 관목층에는 바위수국 · 마삭줄 · 사철나무 · 식나무 · 새덕이 등이 자라고, 최하층부인 초본층에는 송악 · 계요등 · 맥문동 · 큰천남성 · 홍지네고사리 · 쇠고사리 · 넉줄고사리 · 콩짜개덩굴 · 보춘화 · 자금우 · 백량금 등이 흔히 자란다. 우리나라 상록활엽수림의 내부 광光 조건은 무성한 잎과 가지에 햇빛이 가려져 광도가 매우 낮다.

우리나라에서 동백나무 자생지에 대한 생태학적 연구는 많지 않으나, 진영규2003년가 하나의 동백나무군단에 9개의 군집으로 분류했다. 자연 속에서 실제로 존재하는 식물의 집단을 식물 군락plant community이라 하는데, 이 같은 식물 군락은 생물적 · 비생물적 요인에 의해 특징 있는 다양한 종의 식물종으로 구성된다. 식물 군락을 구성하는 식물종의 조성을 기초로 식물 군락을 분류하고, 그 분류한 단위로 식물

육박나무

육박나무 줄기

군락을 추출하는 연구 방법론을 식물사회학이라 한다. 식물사회학은 식물생태학의 특정한 연구 방법론으로, 종의 조성에 대한 질적 · 양적 동정과 조사 등을 현장에서 직접 답사를 통해 식물 군락을 분류하는 작업을 한다. 이 같은 군락 분류는 식물분류학의 체계와 마찬가지로 새로운 군집에 대한 국제명명규약은 물론 군락분류체계가 있는데, 우리나라의 동백나무가 속한 군집에 대해서는 다음과 같이 9개 유형으로 분류되었다.

- 동백나무군강*Camellietea japonicae* Miyawaki et Ohba, 1963
  - 동백나무군목*Camellietalia japonicae* Oda et Sumata, 1996
    - 동백나무군단*Camellion japonicae*. nov. Jin & Kim, 2003

①동백나무전형군집
Camellietum japonicae typicum ass. nov. Jin & Kim, 2003

②동백나무-후박나무군집
군집*Machilo thunbergii–Camellietum japonicae* ass. nov. Jin & Kim, 2003

③동백나무-곰솔군집
Pino thunbergii–Camellietum japonicae ass. nov. Jin & Kim, 2003

④동백나무-구실잣밤나무군집
Castanopo cuspidatae var. sieboldii–Camellietum japonicae ass. nov. Jin & Kim, 2003

⑤동백나무-까마귀쪽나무군집
Lito japonicae–Camellietum japonicae ass. nov. Jin & Kim, 2003

⑥동백나무-모밀잣밤나무군집
Castanopo cuspidatae–Camellietum japonicae ass. nov. Jin & Kim, 2003

⑦동백나무-붉가시나무군집
Querco acutae–Camellietum japonicae ass. nov. Jin & Kim, 2003

⑧동백나무-참식나무군집
Neolito sericae–Camellietum japonicae ass. nov. Jin & Kim, 2003

⑨동백나무-생달나무군집
Cinnamomo japonicae–Camellietum japonicae ass. nov. Jin & Kim, 2003

한반도에서 동백나무전형군집은 경남 거제시 일부 지역과 전남 장흥군 · 광양군, 강진군 백련사, 해남군 미황사, 구례군 화엄사, 전북 고창군 선운사, 경남 하동군 쌍계사 등지의 평균 해발고도 112m, 경사도 평균 14.76도 조건의 순림純林에서 나타난다고 보고된 바 있다. 그 외에도 전남 진도군의 첨찰산 일대에서도 이 같은 군집을 볼 수 있다. 자생지 식생에서 높게 자라는 교목류는 거의 없고, 아교목층에서 수고 5~6m 동백나무가 순림에서 높은 피도皮度: 식물 군집을 구성하는 각 종류가 지표면을 차지하는 비율을 나타내는 양를 차지하며, 드물게 곰솔 · 사스레피나무 · 광나무 · 굴참나무 · 졸참나무 등이 혼생한다. 관목층에서는 동백나무와 광나무 등의 상록활엽수 치수가 자라며, 초본층에는 계요등 · 그늘사초 · 담쟁이 · 청미래덩굴 등이 자생한다.

동백나무 – 후박나무군집은 남부 지방에서 자연환경이 잘 보전되어 자연림에 가까운 지역에 나타난다. 높이 10m 이상의 교목층에는 상록활엽수림의 극상종에 해당하는 후박나무가 우점優占하고, 아교목층에는 수고 4~5m의 동백나무가 우점한다. 관목층과 초본층에도 동백나무의 치수가 분포해 안정된 상태에서 발아와 생육이 원만하게 이루

후박나무 꽃

후박나무

남해안의 곰솔군집

어지고 있다.

우리나라에서 동백나무는 동백나무-곰솔군집 유형으로 흔히 나타나는데, 이는 한반도 남해안에서 가장 광범위하게 형성되는 군집 유형이다. 1980년대 이후 외부의 간섭이 철저히 배제된 울산시 앞바다의 목도에 형성된 동백나무 식생에서도 이러한 유형을 볼 수 있다. 이 같은 군집에서는 곰솔이 교목층에 우점하고 동백나무는 아교목층에서 우점하며 관목층에서도 출현하는 것으로 나타났다.

동백나무-구실잣밤나무군집은 한반도 서남부 해안과 도서 지역, 제주도 등지에서 주로 나타나는 군집 유형이다. 교목층에 구실잣밤나무가 높이 10m 이상으로 우점하고 후박나무와 곰솔 등이 드문드문 혼생해 높은 피도로 무성한 수관樹冠, 나무의 줄기 윗부분을 구성하는 것으로 나타났다. 동백나무는 아교목층과 관목층에서 우점종으로 나타나

구실잣밤나무

구실잣밤나무 열매

며, 교목층을 이루는 무성한 상록활엽수의 높은 피도 때문에 하부 식생이 빈약한 상태로 밝혀졌다.

동백나무-까마귀쪽나무군집 유형은 평균 해발고도 61.5m와 경사도 23.1도의 해안가 경사지에서 나타났다. 교목층에서 까마귀쪽나무가 우점하고 후박나무와 곰솔 등이 혼생하며, 동백나무는 아교목층에서 우점하고, 관목층과 초본층에도 동백을 비롯한 상록활엽수의 치수가 다양하게 생육한다. 이 같은 지역은 사람들이 쉽게 접근할 수 없어 인위적 훼손이 최소화되므로 상록활엽수종이 원활하게 성장 · 번식하는 것으로 조사되었다.

동백나무-모밀잣밤나무군집은 교목층에 모밀잣밤나무가 우점하고 후박나무와 참식나무 등이 혼생하며, 아교목층에서 동백나무가 우점하며 참식나무, 생달나무, 광나무, 후박나무, 모밀잣밤나무, 곰솔 등이 혼생한다. 관목층과 초본층에도 동백나무의 유목과 치수가 자라며 광나무, 모밀잣밤나무, 생달나무, 보리장나무, 천선과나무를 비롯해 큰천남성, 계요등, 콩짜개덩굴, 칡, 보춘화, 천선과나무 등이 혼생하는데 무성한 상부 식생과 더불어 하부 식생도 잘 발달되어 있다.

광나무

계요등 열매

동백나무-붉가시나무군집은 교목층의 붉가시나무와 아교목층에서 동백나무가 우점하는 것으로 나타났다. 왕성하게 성장한 붉가시나무의 울창한 수관 때문에 관목층과 초본층 같은 하부 식생은 빈약한 것으로 나타났다.

동백나무-참식나무군집은 주로 남부 지방의 산지 계곡부에서 볼 수 있는 식생으로, 참식나무가 교목층에서 우점하고 동백나무는 아교목층에서 우점한다. 참식나무와 동백나무는 각 식생층 위에서도 나타났으며 다양한 식물종의 출현도 보인다.

동백나무-생달나무군집은 종 조성에서 동백나무-곰솔군집과 유사한 면이 있는데, 교목층에서 생달나무가 우점하고 후박나무, 곰솔, 까마귀쪽나무 등이 혼생한다. 또 동백나무는 아교목층에서 우점하고 후박나무, 까마귀쪽나무, 참식나무, 생달나무 등이 혼생하는데 타 유형의 군집에 비해 동백나무의 평균 피도가 상대적으로 높고 빈약한 교목층에 비해 왕성한 수관을 나타내는

참식나무 새순

특징이 있다.

동백나무가 속한 여러 유형의 상록활엽성 식물 군집은 교목층을 제외하고는 아교목층, 관목층, 초본층에 미치는 햇빛의 광도가 매우 낮다. 동백나무는 활발하게 생장하는 어린 유년기에는 그늘에 잘 견디는 내음성 식물이지만, 충분히 생장해 꽃을 피울 무렵에는 햇빛을 좋아하는 호광성 식물로 돌연 성질이 변한다. 실제로 우리나라 남부 지방의 울창한 상록수림대 환경은 대낮에도 컴컴할 정도로 채광 조건이 나쁜 경우가 대부분이다. 만일 동백나무가 유년기부터 빛을 좋아한다면 이러한 환경에서 결코 큰 성목으로 성장하기 어려울 것이다. 외부 환경에 대한 이 같은 동백나무의 적응 전략이 상록활엽수림 속에서 울창한 동백나무 군락을 이루며 번성하는 이유이기도 하다.

일반적으로 광도가 낮은 어두운 상록활엽수림을 구성하는 식물의 종자가 땅에 떨어져 발아하면 곧바로 가혹한 현실 상황에 직면한다. 이미 싹튼 어린 떡잎은 생존 에너지를 얻기 위해 햇빛을 필요로 한다. 여린 뿌리에서 물과 무기 양분을 빨아 올리고 주변의 대기에서 이산화탄소를 흡수해 빛 에너지를 이용한 광합성光合成, photosynthesis을 해야만 생장에 필요한 탄수화물을 만들어낼 수 있다. 이러한 광합성 과정에서 내음성 식물은 최소한의 빛만 사용하므로 빛에 대한 광 보상점이 낮고 호흡 속도가 느리게 나타나는 생리적 특성이 있다. 그러므로 동백나무는 낮은 조도의 광 조건에서도 정상적으로 광합성을 하며 식물의 순 생산량을 유지할 수 있다.

자생 동백나무의 형태적 특성

수형과 줄기

거문도의 동백나무 숲길

우리나라에 자생하는 동백나무는 상록활엽성의 아교목 혹은 드물게 교목 형태로 자란다. 우리나라 환경에서는 일반적으로 약 7m 정도의 아교목 형태로 자라지만, 기후가 온화하고 토심이 깊은 지역에서는 15m 이상의 교목으로 자라는 경우도 있다. 생육지의 토양, 채광, 인위적 관리 등 주변의 여러 환경 조건에 따라 많은 줄기가 발달해 관목처럼 자라기도 한다. 특히 토심이 얕거나 바람이 심하게 부는 자생지의 동백나무는 가늘게 가지를 많이 뻗으며 자라는 것을 볼 수 있다.

충분히 생장한 동백나무의 수형은 자생지의 생태적 특성에 따라 다음과 같이 구분할 수 있다. 주변에 다른 수목들이 밀집해 채광이 좋지 않고 경쟁이 심한 조건에서는 직립형 수형으로 자라는 것이 일반적이다. 직립형 수형은 다른 수목류들과의 경쟁으로 수고가 높게 자라고 생장도 빠르게 나타나는 경향이 있다. 반면 자생지가 트여 있거나 식생 밀도가 낮은 경우에는 반개장형 혹은 개장형開伎形으로 자란다. 완전히 자란 동백나무 줄기의 수피는 보통 회색빛이 도는 갈색으로 매끈하고, 잔가지는 옅은 갈색을 띤다. 뿌리는 천근성淺根性: 뿌리가 땅속으로 얇게 뻗는 성질이므로 토심이 얕은 곳에서도 잘 적응하는 특성이 있다. 울릉도의 동백은 단간형單幹形의 수형이 상대적으로 많고, 잎 면적이 좁으며 두꺼운 것으로 조사되기도 했다.

잎

잎은 호생互生, 어긋나기, alternate하고 두꺼운 편이며, 앞면은 광택이 나는 짙은 초록색이고 뒷면은 약간 노란빛을 띠는 초록색이다. 잎의 밑부

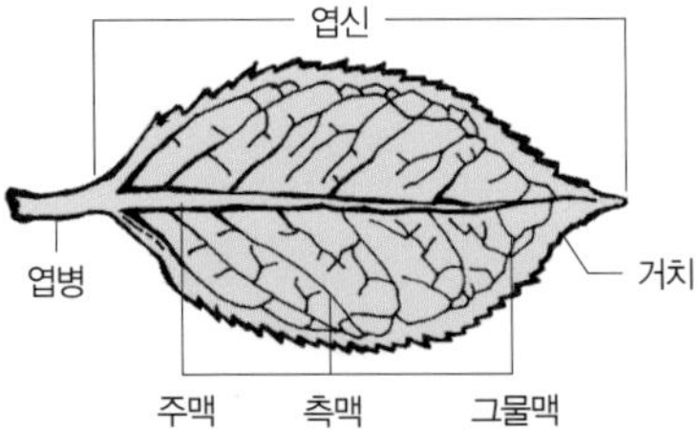

동백나무 잎의 각 부위 명칭

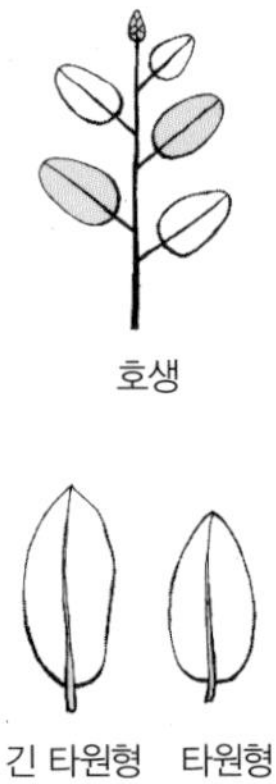

동백나무 잎의 배열과 모양

분엽저葉底, leaf base은 예리하고 잎 모양엽형葉形은 길이 약 3~12cm, 폭 5cm의 타원형이나 달걀 모양의 타원형 또는 긴 타원형이다. 잎의 가장자리엽연葉緣, leaf margin에는 끝이 뭉툭하고 물결 모양의 가는 톱니거치가 있다. 잎자루엽병葉柄, petiole는 길이 2~15mm로 털은 없다. 잎은 생육지의 토양과 기후 환경에 따라 색은 물론 크기나 형태에서 차이가 나타난다. 특히 자생지에서는 개체 간의 변이도 심하고, 나무 연령에 따라 형태와 크기가 다양하게 나타나는 경향이 있다.

개량된 품종에 따라 잎의 관상 가치를 위해 흰색 또는 노란색 반점이나 불규칙한 무늬가 나타나는 반입성斑入性, variegation도 있다. 일부 개체에서는 바이러스 감염에 의해 무늬가 나타나기도 한다. 자생 동백나무 가운데 잎이 상대적으로 길다고 알려진 긴잎동백나무*Camellia japonica* f. *longifolia* Uyeki와 잎에 무늬가 있는 색동백나무*Camellia japonica* f. *variegata* Uyeki가 있다고 보고되었으나, 정확한 형질 특성이나 표본은 확인된 바 없다.

꽃과 열매

동백나무 꽃은 양성화兩性花, hemaphrodite flower로 선명한 붉은색을 띠고 한 송이씩 마디 혹은 가지 끝에 붙어서 피며 향기는 거의 없다. 자생 동백나무 꽃의 꽃 지름화경花徑, flower diameter은 보통 5cm 안팎이지만 품종에 따라 다양한 변이가 나타난다. 원예학적으로는 크게 화경 6cm

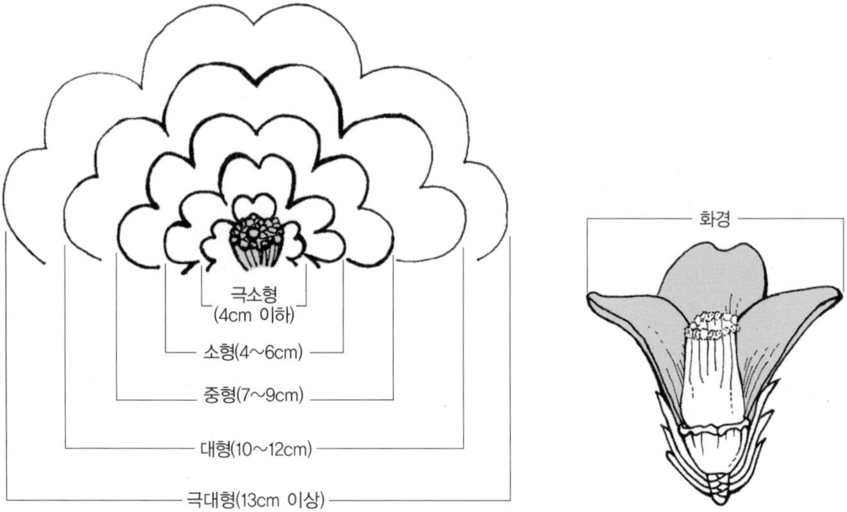

동백나무 꽃의 화경에 따른 구분

이하를 소형이라 하며, 10cm 이상을 대형으로 구분한다. 보통 붉은 색으로 피지만 드물게 흰색 혹은 검붉은 색의 개체가 나타나기도 한다. 원예용 재배 품종인 경우에는 분홍색을 비롯해 매우 다양한 색을 보이는데, 반점 혹은 물결무늬 등의 무늬가 있는 반입성 품종도 있다. 꽃자루화병花柄, peduncle는 없거나 2mm 이내로 매우 짧은 종류도 있다. 꽃잎은 5~6장이고 밑부분에서 서로 붙어 겹쳐져 감싸고 있으며 활짝 피지 않은 모양이다. 원예종의 경우에는 홑꽃도 꽃잎이 8장 이상인 품종도 많다.

또 동백나무의 꽃잎은 꽃눈화아花芽, flower bud이 형성되는 6월을 전후해 개화기에 이르기까지의 기후, 토양, 수분 등 환경 요인에 따라 같은 개체에서도 꽃잎이 달라지기도 한다. 특히 재배 품종의 경우에는 이 같은 경향이 더욱 심하다. 꽃받침잎은 보통 5장이고 길이 1~2cm이며 달걀 모양의 원형이다. 많은 수술로 이루어진 수술군androecium은 기둥처럼 둥그렇게 모여 있는데, 수술대는 흰색이고 꽃밥은 밝은 노란색을 띤다. 암술대 끝은 세 갈래로 갈라졌으며 씨방자방子房, ovary에는 털이 없다. 꽃의 밑부분에서는 꿀이 많이 분비된다.

동백나무 꽃의 모양과 화색은 워낙 변이가 다양해 명확하게 유형을 나누기는 어려우나, 꽃잎의 수와 배열에 따라 크게 홑꽃과 겹꽃으로 구분한다. 또 각각의 유형은 꽃잎과 수술의 색깔과 배치 모양 등에 따라 다시 세분화할 수 있다. 국가에 따라서도 화형의 기준이나 분류 체계가 다르며, 새롭게 육종하는 꽃의 형질이 다양한 만큼 화형의 종류 또한 여러 가지이다. 그러나 일반적으로 꽃잎의 수와 배열 상태에 따라 구분한다(70~74쪽 참고).

동백나무 열매는 둥근 구형球形으로 표면에 윤기가 흐르는 지름 3~4cm의 밤톨 크기만 한 삭과蒴果이다. 9~11월 가을철에 익으면 세 갈래로 벌어지는데, 그 속에는 종피가 매우 단단한 짙은 흑갈색 종자가 3~5개씩 들어 있다. 최근 인위적 육종에 의해 겹꽃이나 특이한 화형으로 육성된 원예 품종은 꽃술이 퇴화한 경우가 많아 종자를 맺지 못하기도 한다. 자생 동백나무의 종 가운데 잎 · 줄기 · 열매 등의 형질은 거의 유사하지만, 흰

익어서 벌어진 동백나무 열매

꽃이 피는 흰동백나무*Camellia japonica* f. *albipetala* H.D. Chang도 드물게 있다. 흰동백나무에 대해서는 제주도 서귀포에서 조사한 바 있다.

홑꽃 화형의 유형

홑꽃은 꽃잎이 8장 이하로 형태가 단순하고 가운데 꽃술이 잘 보이면서 수술이 꽃의 중심부에 위치하며, 대부분 소형인 경우가 많다. 자생 동백나무의 꽃도 홑꽃에 해당하며, 꽃잎 수와 배열 모양에 따라 몇 가지 유형으로 구분한다. 주로 일본에서 구분하는 방법을 우리나라에서도 사용하는데 술잔형, 통형, 나팔형, 도라지꽃형, 사발형, 평면형 등이 있다. 꽃잎의 배열이 모이거나 펼쳐진 모양 등에 따라 구분한다.

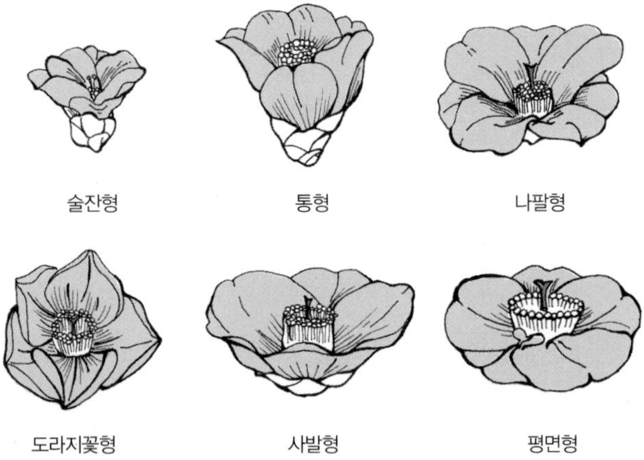

동백나무 홑꽃 화형의 유형

■ 술잔형

주로 화경 4cm 이하의 매우 작은 소형 꽃에서 나타나는 화형이다. 통형, 나팔형, 사발형과 비슷하나 꽃이 워낙 작기 때문에 꽃잎이 밑에서 겹쳐져 활짝 피지 않은 모양을 지속적으로 유지한다.

홑꽃 술잔형 동백나무 꽃

■ 통형

활짝 핀 꽃을 옆에서 보면 마치 V자형으로 보일 정도로 개화하는 화형이다. 술잔형에 비해 꽃이 큰 품종에서 나타나며, 전형적인 동백나무 꽃의 화형이다.

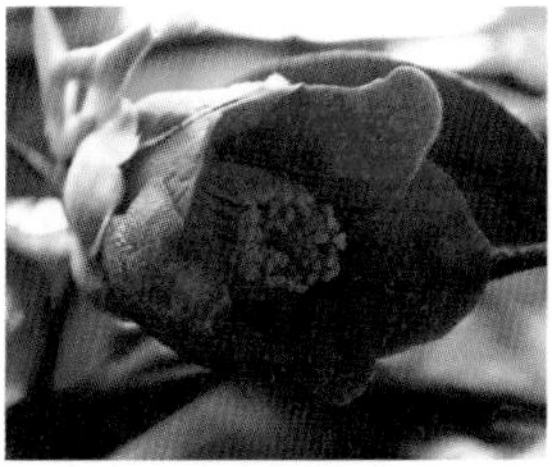
홑꽃 통형 동백나무 꽃①

홑꽃 통형 동백나무 꽃②

홑꽃 통형 동백나무 꽃의 옆모습

■ 나팔형

통형과 매우 비슷하지만, 꽃잎의 끝 부분이 나팔처럼 바깥으로 뒤집힌 듯한 모양이다. 특히 꽃이 질 무렵에는 더욱 바깥으로 뒤집히는 것이 특징이다.

홑꽃 나팔형 동백나무 꽃

■ **도라지꽃형**

도라지꽃과 비슷하게 꽃잎의 가장자리가 안쪽으로 말리거나, 가운데를 중심으로 양쪽이 깊게 안쪽으로 모이는 형태이다. 보통 꽃잎의 끝 부분이 뾰족한 모양을 띤다.

홑꽃 도라지꽃형 동백나무 꽃

■ **사발형**

꽃의 중심이 되는 꽃술과 가장자리의 꽃잎 배열 각도가 다른 화형에 비해 커 약간 평평한 듯 보인다. 따라서 다른 화형의 꽃에 비해 화경이 상대적으로 큰 품종이 많다.

홑꽃 사발형 동백나무 꽃

■ **평면형**

사발형과 비슷한 모양이지만, 각도가 훨씬 커 평면에 가까운 화형이다. 따라서 술잔형이나 통형 등에 비해 꽃이 활짝 핀 느낌을 준다.

홑꽃 평면형 동백나무 꽃

겹꽃 화형의 유형

여러 장의 꽃잎이 다양한 모양으로 겹쳐 연꽃, 모란, 장미 같은 형태를 띠는 유형이다. 종류에 따라 암술과 수술이 보이지 않을 정도로 꽃잎이 여러 겹으로 배열되는 경우도 있으나, 꽃술이 아예 퇴화해 없는 품종도 있다. 꽃술이 보이지 않을 정도로 풍성한 겹꽃 화형은 관상용,

동백나무 겹꽃 화형의 유형

원예종으로 육성한 품종이거나 일부 애기동백 종류가 대부분이다. 겹꽃 화형의 유형에는 기본형, 연꽃형, 모란형, 사자형, 두발형, 보석형, 방사형 등이 있다. 그러나 실제로 화형의 변이가 다양해 일률적 기준에 따라 유형을 구분하기가 어려우며, 꽃잎이 2~3열로 배열된 반겹꽃 형태도 있다.

■ **기본형**

9장 이상의 많은 꽃잎이 두 겹 혹은 그 이상 여러 겹으로 배열되어 있으며, 꽃 가운데 정상 형태의 수술이 잘 보이는 화형이다.

겹꽃 기본형 동백나무 꽃

■ **연꽃형**

겹꽃 기본형과 유사하지만 약간의 차이가 있다. 여러 겹으로 배열된 꽃잎과 꽃잎 사이가 벌어져 입체감 있으며 풍성하게 보이는 화형이다. 각각의 꽃잎은 가운데 부분이 움푹 들어가 더욱 입체적으로 보이는 품종이 많다. 일반적으로 관상 가치가 높은 화형으로, 인기 있는 품종이 많다.

겹꽃 연꽃형 동백나무 꽃

■ **모란형**

겹꽃 기본형에서 꽃의 중심부에 배열된 꽃잎이 불규칙하게 변형되어 약간 두드러진 화형이다. 가운데 수술은 정상으로 보이는 경우도 있고, 눈에 잘 띄지 않는 경우도 있다.

겹꽃 모란형 동백나무 꽃

■ **사자형**

크고 작은 형태의 불규칙한 꽃잎이 가운데 수술이 보이지 않을 정도로 무성하게 여러 겹으로 배열된 형태이다. 단아하지는 않지만 풍성한 느낌을 자아낸다.

겹꽃 사자형 동백나무 꽃

■ **두발형**

수술 전체 혹은 꽃가루주머니가 마치 꽃잎처럼 가지런하게 변형된 화형으로, 가운데가 마치 두발頭髮처럼 둥글고 불룩하게 두드러졌다.

겹꽃 두발형 동백나무 꽃

■ **보석형**

꽃 중심부의 꽃잎들이 완전히 개화하지 않아 서로 단단히 겹쳐져 있어 가운데가 크고 불룩한 화형이다.

겹꽃 보석형 동백나무 꽃

■ **방사형**

꽃잎이 6개의 방사상으로 여러 겹 중첩되어 핀다.는 화형이다. 매우 화려하지만 꽃의 형태가 불안정하며, 때로는 불규칙하게 변형되는 경우도 있다.

겹꽃 방사형 동백나무 꽃

꽃의 구조

아름다운 동백나무 꽃을 제대로 감상하기 위해서는 우선 꽃의 구조를 알고 이해하는 것이 무엇보다 중요하다.

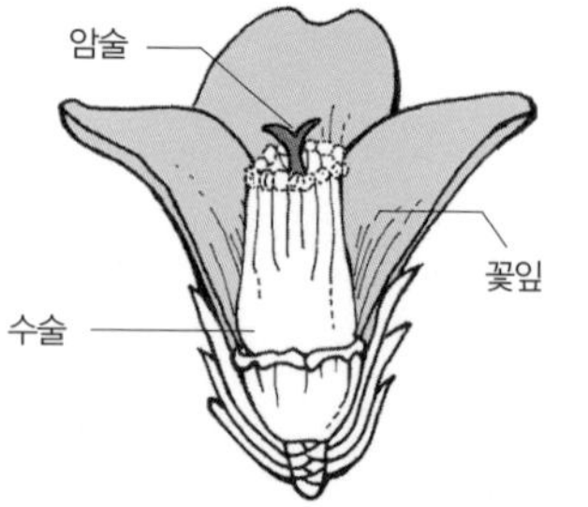

동백나무 꽃의 구조

■ **화판**

꽃에 윤생輪生, 돌려나기으로 배열된 꽃잎을 화판花瓣, petal이라 한다. 동백나무의 화판은 종 혹은 품종에 따라 독특한 화색과 형태를 지녀 관상 가치가 높다.

■ **암술**

암술pistil은 동백나무 꽃의 중앙에 자리하며 꽃가루를 받아들여 종자를 맺는 생식기관이다. 일반 고등식물 꽃의 암술은 윗부분에 꽃가루

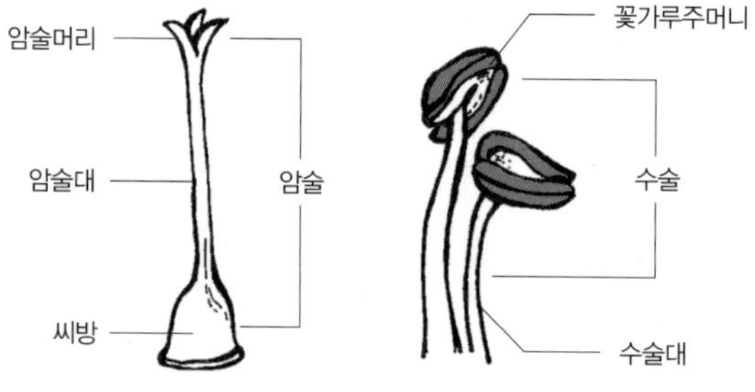

동백나무 꽃의 암술과 수술

를 받아들이는 암술머리주두柱頭, stigma가 있고 맨 밑부분에 부풀어 오른 씨방이 있으며, 씨방에는 장차 종자가 될 밑씨가 들어 있다. 또 암술머리와 씨방을 연결하는 암술대화주花柱, style가 있다.

수술

동백나무 꽃의 수술stamen은 꽃가루가 들어 있는 꽃가루주머니와 이것이 붙어 있는 자루인 수술대filament의 두 부분으로 이루어진다. 많은 수의 수술은 수술군을 이루며 밑부분은 서로 붙어 있다. 수술군이 모인 형태에 따라 원통형, 폐쇄형, 찻잔형, 바퀴형, 매화형, 갈라진형 등으로 구분한다.

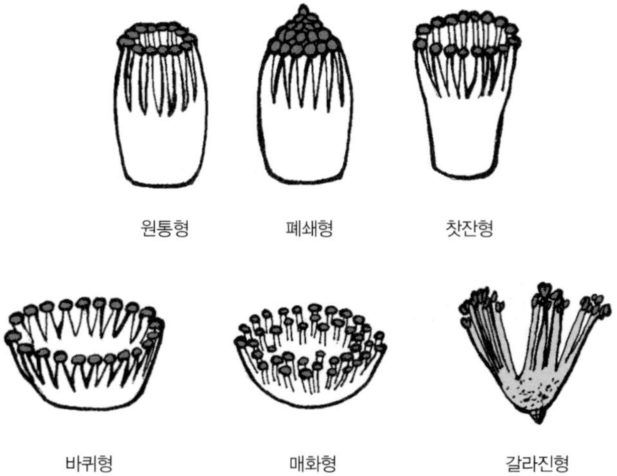

동백나무 꽃의 수술 형태

■ 악편

동백나무 꽃의 아랫부분에 있는 꽃받침잎악편萼片, sepal과 작은 포苞, bract는 구분하기 어려울 정도로 함께 붙어 있다. 이들은 자라는 꽃을 보호하는 역할을 한다.

꽃잎의 형태

동백나무의 꽃잎은 꽃의 성장과 더불어 모양이 조금씩 변하지만, 끝이 뾰족한 형태를 비롯해 끝이 둥글고 마치 손톱처럼 가운데를 중심으로 휘어진 형태, 수술의 일부가 변형되어 꽃의 중심부에 깃발처럼 서 있는 형태 등 여러 가지가 있다. 특히 관상 가치를 높이기 위해 인위적으로 육종한 품종에서는 꽃잎의 변이가 한층 다양하고 구분하기 애매모호한 형태도 많다.

동백나무 꽃이 떨어진 후 남은 꽃받침잎

한반도의 동백나무 분포

우리나라는 북반구의 중위도 지역에 남북으로 길게 위치한 전형적인 온대 기후대로, 사계절의 변화가 뚜렷하게 나타난다. 특히 아시아 대륙의 동북단과 태평양 바다의 서북단에 자리 잡아 삼면이 바다에 접한 관계로 강한 계절풍의 영향을 받아 대륙성 기후와 해양성 기후가 함께 나타나는 지역이다. 그러므로 남북 간의 기후 차이가 크고, 동일한 위도의 다른 국가에 비해 겨울철이 한랭하며 여름철이 무더운 경향을 보인다.

또 한반도는 노년기 지질 특성을 나타내며, 선캄브리아 이언의 변성암류를 비롯해 고생대 · 중생대의 퇴적암과 화성암류 그리고 제3기에 발달한 퇴적암류, 제4기에 발달한 현무암류와 평야 지대의 충적층 등 매우 다양한 지질 유형으로 이루어졌다. 이 같은 기후와 토양 분포 조건은 동백나무를 비롯한 다양한 자생식물의 분포에 지대한 영향을 미친다.

우리나라는 해안선이 복잡하고 지형이 다양해 좁은 면적의 국토에 비해 지역적 미기후微氣候 변이가 심하다. 특히 남부 지방의 해안은 구로시오Kuroshio 해류와 여기에서 갈라진 쓰시마Tsushima 해류의 영향으로 온도와 염도가 적절히 유지된다. 이러한 지형과 주변을 흐르는 해류 등 제반 환경 조건은 남부 해안 지역과 다도해 일대의 상록활엽수림 형성에 큰 영향을 미친다.

이동 능력이 없는 식물은 기후와 토양 등 다양한 환경 조건에 따라 분포 위치가 정해진다. 이같이 지역에 따라 고유하게 나타나는 식물상flora으로 식물의 지리적 분포 경계를 구분하는 것을 '식물구계植物區系, floristic region'라 한다. 구계의 구분은 각 지역의 고유종 분포에 따라 가능하며 계界, 구區, 아구亞區, 지구地區 같은 단위가 있다. 세계의 식물구계 구분에 대해서는 여러 이론이 있으나, 현재는 대부분 1974년에 로널드 굿Ronald Good이 발표한 구계 구분을 따르고 있다.

그의 구분에 따르면 우리나라는 중일식물구계中日植物區系, Sino-Japonica region에 속한다. 중국의 서남부를 제외한 지역과 한국, 일본이 포함되는 이 중일식물구계는 온대아구계와 난대아구계로 구분한다. 온대아구계는 화북구, 만주구, 한국구, 일본온대남부구, 남화태남천도북해도구, 중국서남부구, 히말라야온대구로, 난대아구계는 한일난대구와 화중구로 다시 나뉜다.

우리나라는 남부 다도해와 해안 지방을 비롯해 제주도, 울릉도 지역이 난대아구계의 한일난대구에 속하며 그 외의 지역은 온대아구계의 만주구와 한국구에 속한다. 그러므로 자생 동백나무는 중일식물구계〉 난대아구계〉 한일난대구에 분포하는 특징적 종임을 알 수 있다. 실제로 중일식물구계의 난대아구계는 일본 북위 38도 이남의 대부분 지역과 우리나라의 남부 다도해를 포함한 해안 지역 일대, 제주도와

붉가시나무

붉가시나무의 열매

울릉도를 포함한 한일난대구와 중국 화중華中 지역의 준하淮河와 협서성陝西省 남부의 진령산맥秦領山脈을 잇는 선의 남쪽 지역인 화중구를 포함한다. 동백나무는 이 같은 중일식물구계 난대아구계의 공통 식물종으로 이미 알려져 있다. 그 외에도 송악, 후박나무, 참식나무, 붉가시나무, 참가시나무, 메밀잣밤나무, 구실잣밤나무, 개산초나무 등의 상록활엽수가 구성종임을 앞에서 설명한 바 있다.

우리나라의 고등식물 분포를 토대로 이우철과 임양재2002년는 한반도의 북쪽부터 관북아구關北亞區, Gwanbuk province, 갑산아구甲山亞區, Gabsan province, 관서아구關西亞區, Gwanseu province, 중부아구中部亞區, Middle province, 남부아구南部亞區, South province, 남해안아구南海岸亞區, South-coast province, 울릉도아구鬱陵島亞區, Ulreung province, 제주도아구濟州道亞區, Jeju province까지 8개 아구로 식물구계를 다시 구분했다. 이 가운데 기후조건이 온화한 남부아구, 남해안아구, 울릉도아구, 제주도아구 일대가 자생 동백나무의 분포지에 해당한다. 겨울철 내한성과 내건성이 특히 약한 동백나무는 공중 습도가 적절히 유지되고, 겨울철 기후 환경이 온화한 남부 지방과 해안가에 주로 생육한다.

인공 식재림이 아닌 자연적으로 동백나무 군락이 형성된 주요 지역으로는 울릉도를 비롯해 동해안의 울산시 목도, 동남부 해안의 부산시, 경남 거제시 일대, 제주도, 남해안 도서 지방, 전남 여수시, 고흥군, 완도군, 진도군, 목포시, 흑산도, 전북 고창군, 충남 서천군, 인천시 옹진군 대청도와 소청도 등이 널리 알려져 있다.

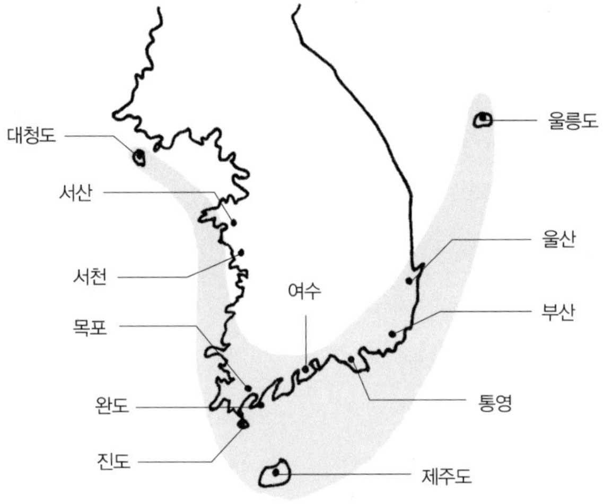

우리나라의 동백나무 분포

우리나라 대부분의 동백나무 자생지는 동해안 목도에서 남해안을 거쳐 서해안의 분포한계선에 이르기까지 해발 600m 이하의 해안선을 따라 U자 형태로 분포한다. 또 일부 남부 지방의 내륙 지역에는 상록활엽수림을 잘 보호하는 사찰을 중심으로 동백나무가 자생한다. 화엄사, 쌍계사, 미황사, 백련사, 향일암, 선운사 같은 사찰 일대는 동백나무로 유명하다. 사찰 주변에서 발생하는 산불로부터 목조 건물을 지키기 위해 인위적으로 식재한 동백나무림도 있다.

우리나라에서 동백나무의 분포에 대한 연구는 이일구1981년가 서해안 태안반도와 변산반도에 이어 남해안 여수, 거제도, 동해안 울산시 목도를 잇는 선을 상록활엽수의 분포와 동백나무의 분포한계선으로 보고한 바 있다.

자생 동백나무의 지역별 특성에 대한 연구 결과를 보면 울릉도 자생 동백나무는 거제도와 제주도 자생에 비해 종자 무게가 상대적으로 적고 내한성이 높다. 또 자생 동백나무의 잎 형질 특성은 잎 크기와 잎자루 길이 등이 전북 죽도의 동백나무가 가장 컸고 제주도의 동백나무가 상대적으로 작은 것으로 나타났다.

우리나라에서 동백나무는 남부 지방의 해안가 사면부에 가장 흔히 자생하지만 골짜기나 마을 주변에서도 쉽게 볼 수 있다. 또 전남이 상대적으로 분포 밀도가 높으며, 흑산도에는 전체적으로 높은 밀도로 동백나무가 자생한다. 수직적 분포한계는 제주도 일대에서 해발고도 약 1,100m까지 분포한다.

한반도에서 야생 상태로 동백나무가 분포하는 곳은 연평균 기온이 11~22℃이고 연평균 강우량도 1,200mm 이상인 지역이다. 따라서 동백나무의 자생지를 토대로 재배 적지를 유추하면, 겨울철 기온이 따뜻하고 배수와 통기가 잘되면서 약산성을 띠는 적당히 비옥한 토양에 비가 많이 내리거나 바닷가같이 공중 습도가 충분히 유지되는 곳이다.

동백나무의 생태적 특성이나 자생지의 환경적 가치로 우리나라에서는 전국 7개 지역의 동백나무림이 천연기념물로 지정되어 있으며, 이중 전남이 총 3개 지역으로 가장 많이 분포한다. 서해안의 도서 지역으로 북한계선에 해당하는 인천시 대청도의 동백나무 자생지를 비롯해 내륙의 북한계선인 충남 서천군의 동백나무 숲도 천연기념물로 지정되어 있다. 또 국제적 희귀 조류인 팔색조*Pitta brachyura nympha*의 서식지로 알려진 경남 거제시의 동백나무 숲은 전체가 천연기념물이다. 자연적으로 분포된 동백나무와는 별개로, 전남 나주시 금사정錦社亭의 동백나무는 낙향한 조선 시대 유생들의 비탄함과 절개가 서려 역

번호	천연기념물 지정 번호	명칭	지정 일시	위치	면적(㎡)	개체 수(주)
1	제66호	옹진 대청도 동백나무 자생북한계지	1962년 12월 3일	인천시 옹진군 대청면 대청리 43-1	156,396	약 147
2	제151호	강진 백련사 동백림	1962년 12월 3일	전남 강진군 도암면 만덕리 산 55	51,915	약 1,500
3	제169호	마량리 동백나무 숲	1965년 4월 1일	충남 서천군 서면 마량리 산 14	8,265	약 80
4	제184호	고창 선운사 동백나무 숲	1967년 2월 11일	전북 고창군 아산면 삼인리 산 68	16,500	약 3,000
5	제233호	학동리 동백나무 숲 및 팔색조 번식지	1971년 9월 13일	경남 거제시 동부면 학동리 산 1	20,751	약 5,000
6	제489호	광양 옥룡사 동백나무 숲	2007년 12월 17일	전남 광양시 옥룡면 추산리 산 35-1	153,919	약 7,000
7	제515호	나주 송죽리 금사정 동백나무	2009년 12월 30일	전남 나주시 왕곡면 송죽리 130	1,121	1

천연기념물로 지정된 동백나무

사적 의미가 특별하다. 그들이 심은 수령 500년가량의 동백나무 노거수 한 그루가 천연기념물로 지정되어 있기도 하다.

내한성이 약한 동백나무는 겨울철 최저 기온과 공중 습도에 크게 영향을 받는다. 온대 지방에서 자라는 상록활엽수가 그렇듯, 동백나무도 겨울철 차고 건조한 시베리아 기단에 의한 날씨에 생육의 제약을 받는다.

대부분의 온대성 목본식물은 일장식물이 햇빛을 받는 시간이 짧아지고 기온이 떨어지면서 가을이 깊어지면 겨울철 저온에 적응하기 위해 체내의 식물 호르몬과 효소의 작용으로 수분 함량이 줄고, 각종 동화同化산물은 고분자량의 물질로 전환되어 이듬해 봄을 위한 저장 양분으로 세포 내에 축적된다. 이 같은 과정을 겪으며 추위에 견디는 내한성이 높아지고, 생장기에 역할을 다한 잎은 단풍으로 변하며 낙엽으로 생을 마감한다.

그러나 동백나무를 비롯한 상록활엽수는 유전적으로 이러한 생리적 변화가 나타나지 않으므로 겨울철에 동해를 입는 경우가 많다. 차고 건조한 바람에 지속적으로 노출된 상록활엽수는 잎의 기공을 통해 체내의 수분이 빠져나가 갈색으로 마르는 한건해寒乾害가 나타난다. 이렇게 피해를 입은 잎은 그해 또는 이듬해에 떨어지고 나무도 쇠약해진다. 결국 동백나무도 종을 유지하기 위한 생존 전략으로 공중 습도가 높고 기후가 온화해 한건해를 피할 수 있는 한반도 서남부의 해안가 지방에 분포한 것으로 추정한다.

동백나무의 이용

꽃과 종자

자생 동백나무의 붉은 꽃은 다른 꽃과 비교해도 관상 가치가 뛰어나다. 특히 선명하게 붉은 꽃은 청록색 잎과 강렬한 보색 대비를 이루어 더욱 아름답게 보인다. 그 모습이 약간 촌스러울 수도 있지만, 춥고 음울한 계절에 생동감을 주는 아름다움이 있다. 그 덕분에 전통적 동양 꽃꽂이를 비롯해 서양의 다양한 꽃 예술 분야에서 널리 선호하는 소재이기도 하다. 단순한 절화cut flower는 물론 꽃다발, 부케, 코르사주, 테이블 장식 등 공간 장식용 꽃으로 매우 인기가 높다.

또 동백나무의 꽃 · 잎 · 열매 · 줄기 껍질 등을 천연 염색 재료로 이용하기도 하는데, 각기 독특한 색조와 우아한 아름다움을 발휘한다. 화려한 색을 내는 천연 염색 재료는 꽃을 이용하는 경우가 가장 많은데, 천연 염색에 사용하는 꽃은 가능하면 완전히 개화해

신선한 것이 좋다. 수명을 다하고 땅에 떨어진 꽃은 색조가 선명하지 못하다.

손수건 크기의 천연 섬유 한 장을 염색하는 데 사용하는 동백꽃의 양은 약 50송이 정도이다. 깨끗이 손질한 꽃잎에 빙초산氷硝酸, acetic acid을 몇 방울 떨어뜨려 3~4시간 놓아둔 후, 유리그릇이나 법랑 냄비에 넣고 다시 빙초산을 3방울 정도 넣어 붉은색이 잘 우러나올 때까지 끓여 섬유를 담가 염색한다. 염색한 천은 맑은 물로 헹구어 자연스럽게 말린다.

동백나무 종자에서 얻는 동백기름은 우리 고유의 식물성 기름으로, 예전에는 두발유 혹은 식용유로 널리 사용했다. 황색이 도는 맑은 불건성유로 응고점은 영하 27℃로 낮은 편이다. 최근에는 화장품 원료뿐만 아니라 정밀 기계유, 기능성 식용유, 공업유 등으로도 널리 이용하고 있다. 최근의 연구 결과 동백기름에는 팔미트산palmitic acid, 스테아르산stearic acid, 올레산oleic acid, 리놀레산linoleic acid 등의 지방산이 올리브유와 유사한 함량으로 들어 있어 동맥경화증 예방에 좋다고 알려졌으며, 인체에 대한 안전성도 확인되었다. 특히 동백기름은 특유의 향기가 있고 맛이 고소해 식용 가치가 높

동백나무 씨앗

꽃병과 장신구, 비누 등에 활용한 동백나무

으므로 우리나라는 물론 일본이나 타이완臺灣 등에서 고급 식용유로 사용한다.

동백기름은 주로 식용으로 이용하지만, 일부 지역에서는 위장병 치료제로도 사용한다. 식품학자들의 연구에 따르면 동백기름에는 사람에게 유익한 사포닌saponin이 다량 함유되었고, 글루탐산glutamic acid을 비롯한 17종의 아미노산amino acid 함량이 높은 걸로 나타나 최근 식품 가공 기술을 이용해 동백기름 약제, 각종 식품 드레싱, 마요네즈 등으로 개발하는 연구도 진행되고 있다.

이 같은 유용한 성분들은 동백기름뿐만 아니라 기름을 짜고 남은 찌꺼기인 박粕에도 어느 정도 들어 있는데, 다량으로 함유된 식이 섬유를 이용해 기능성 빵, 마가린, 스테아릴 알코올stearyl alcohol, 왁스 첨가제 등을 개발하고 있다. 자생 동백나무와 재배종 동백나무의 종자에서 얻은 동백기름은 종에 관계없이 총지방질 함량과 지방산 조성이 비슷하다는 연구 결과가 보고되었다. 특히 동백나무 종자를 넣고 중탕한 추출물을 쥐에게 투여한 결과, 세포의 노화를 억제하고 산화 물질 생성이 감소했다는 연구 결과도 있다.

동백나무의 종자는 종피가 견고해 날카로운 조각도를 이용해 공예품으로도 만들고 있다. 실제로 일본의 일부 지역에서는 열쇠고리, 넥타이핀, 목걸이 등 다양한 지역 특산품으로 제작해 판매하고 있다.

잎과 가지

사시사철 잎이 푸른 동백나무는 생명과 굳은 약속의 상징으로 인식되어 예로부터 남부 지방에서는 혼례식 장식에 사용하기도 했다. 전남 강진의 전통 혼례에는 초와 동백나무 가지에 종이로 함박꽃을 만들어 꽂아 혼례상을 장식한다. 푸른 동백나무 잎은 꽃다발 소재로 흔히 이용하기에 해마다 졸업, 입학 시즌에는 남쪽 자생지의 동백나무가 무분별하게 채취되는 시련을 겪기도 한다.

동백나무는 차나무와 같은 과의 식물이므로 예로부터 차나무 대신 동백나무의 어린잎을 채취해 차로 음용하거나 식용했다. 특히 차나무를 재배하지 않는 지역에서는 동백나무의 어린순을 차의 재료로 이용했음이 널리 알려져 있다. 봄철의 어린잎으로 만든 덖음차는 녹차와 비교해 상대적으로 카페인 함량이 낮고 타닌 함량은 적절해 맛과 향 등의 풍미가 좋다. 또 다양한 비타민을 비롯해 유리 아미노산, 당분 등의 유효 성분이 있다는 연구 결과가 발표되기도 했다. 특히 최근의 연구를 통해 동백나무 어린잎에는 항산화 성분인 총페놀total phenol 함량이 건조 중량 100g당 74.24mg으로, 다른 차보다 높게 나타났다는 보고도 있다. 또 다른 연구에서는 동백나무 잎에서 항산화 물질과 항암 활성 물질인 케르세틴quercetin, 에피카테킨epicatechin 같은 폴리페놀polyphenol 화합물이 높은 함량으로 존재하고, 동백나무 잎의 추출물이 식중독을 일으키는 주요 원인균에 대해 현저한 항균 효과가 있음이 밝혀졌다.

이 같은 건강학적 효능을 위해서는 유리당, 유기산, 아미노산, 카테킨, 폴리페놀 화합물 등의 함량이 높은 4~5월경의 동백나무 잎을 채취하는 것이 좋다. 이 외에도 동백나무의 어린잎에는 혈관 내에 형성된 혈전을 용해하는 효소인 세린 단백질serine protease 가수분해효소가 다량으로 존재하며, 동백나무 잎 추출물이 인간의 혈액암 세포HL-60의 성장을 억제한다는 연구 결과도 보고된 바 있다. 이러한 유효 성분을 추출하는 최적의 방법은 건조한 동백나무 잎에 약 60배 물을 붓고 90℃에서 30분간 끓이는 것이다.

목재

동백나무의 목재는 담황색을 띠고 조직이 균일하면서 치밀해 단단하기로 유명하다. 목재의 기건 비중Sa은 77~78, 압력에 견디는 강도kg/cm²는 438~489, 휨 강도kg/cm²는 682~876으로 적당한 무게가 있으며 손때가 묻을수록 윤이 난다고 알려졌다. 예전에는 주판珠板이나 장기將棋의 알, 악기, 자尺, 얼레빗, 다식판, 담배 파이프, 절에서 사용하는 목어木魚, 견고한 농기구와 목공구 등을 제작하는 데 흔히 사용했다. 이렇듯 동백나무 목재는 긴요하게 사용할 데가 많아 지역 산물로 동백나무가 있는지는 중요한 관심사였다. 《조선왕조실록》의 세조 3년1457년에는 "제주도와 울릉도에서 훌륭한 동백나무 목재를 얻을 수 있다"라고 나와 있으며, 성종 10년1479년에는 일본에 다녀온 사신 일행이 "일본의 산에는 동백나무 목재가 널려 있고, 일본의 부녀자들이 머리를 꾸미고 동백기름을 바른다"라고 기록되어 있다. 순조 9년1809년에는 일본의 대마도에 다녀온 역관 현의순玄義洵과 최석崔昔 등이 "일본의 대마도에는 하늘을 뒤덮을 정도로 무성한 동백나무 숲이 있다"라고 보고한 기록이 있을 정도로 동백나무에 대한 관심이 높았다.

동백나무로 구운 숯은 재질이 단단하고 그을음이 없으며 화력이 오래가는 최고급 숯으로 알려져 있다. 이런 이유로 동백나무가 흔한 남부 해안가 지역에서는 겨울철 방 안의 화로에 쓰는 재료로 동백나무 숯을 사용했다. 동백나무를 태운 재는 섬유를 염색할 때 발색을 좋게 하는 매염제로 효과가 매우 뛰어나 널리 사용한다. 일본에서는 동백나무의 재를 산회山灰라 하는데, 교토 지방의 전통 염색에서 반드시 사용하는 재료이기도 하다. 동백나무 재에는 K_2O, Na_2O 등의 알칼리 성분을 비롯해 CaO, MgO, MnO, Fe_2O_3, Al 등의 금속이온과 SiO_2, P_2O_5, SO_4 등의 음이온 성분이 함유되어 처리하는 pH에 따라 아름다운 천연 염색이 가능한 것으로 연구되었다.

식용과 약용

예로부터 사찰이나 민간에서는 꽃으로 화전을 만들어 먹었다. 전통적으로 한방에서는 동백나무의 꽃봉오리를 채취해 햇볕에 말리거나 불에 쪼여 말린 것을 산다화山茶花라 하여 생약으로 이용한다. 춘분부터 곡우4월 20일 사이에 불룩하고 잘 발달한 동백나무 꽃봉오리를 채취해 사용하고, 남은 것은 종이에 싸서 봉한 후 통풍이 잘되는 곳에 보관한다. 산다화는 단맛 · 쓴맛 · 신맛이 함께 나며 성질은 차고, 류코안토시아닌leucoanthocyanin, 안토시아닌anthocyanin 등의 주요 성분이 들어 있다. 피를 맑게 하고 지혈 효과가 뛰어나 코피가 날 때, 토혈, 하혈, 화상 등의 치료와 종기를 제거하는 데 사용한다.

동백나무의 꽃봉오리

동백나무의 잎 · 꽃 · 종자 등에 있는 유효 성분은 카멜린camellin, 피페콜산pipecolic acid, 오이게놀eugenol, 카멜린게닌camellingenin, 쓰바키사포닌tubakisaponin, 트리테르펜triterpene, 타닌tannin, 벤제노이드benzenoid, 스테로이드steroid, 플라보노이드flavonoid, 페닐프로파노이드phenylpropanoid, 에피카테콜*l*-elpicatechol, 카테콜d-catechol 등의 기능성 물질이다. 또 동백나무 잎과 꽃을 발효해 음용할 수 있는 차로 만들어 2주 동안 생쥐에게 투여한 결과, 체내 콜레스테롤 함량이 줄었다는 연구 보고도 있다. 민간에서는 치질에 의한 출혈 증상에 산다화 꽃봉오리를 가루 내어 복용하기도 한다. 일본에서는 꽃을 건조해 토혈증 출혈을 멈추게 하는 데 사용한다고 알려졌다. 거문도에서는 동짓날 저녁에 동백나무 꽃을 띄운 물로 목욕을 하면 1년 내내 부스럼이 생기지 않는다고 하여 목욕하는 풍습이 있다.

기타

제주도 위미 동백나무 군락

잎이 두껍고 상록활엽성인 동백나무는 해안가에 밀식해 방풍 또는 방조림을 조성하는 데 매우 효과적이다. 무엇보다 성질이 강하고 염분이 많이 섞인 바닷바람에 잘 견디기 때문에 우리나라에서는 곰솔과 더불어 훌륭한 방풍림 수종으로 사용한다.

제주도 서귀포시 남원읍 위미리의 위미 동백나무 군락제주도 기념물 제39호은 남쪽 바다에서 불어오는 거센 바람을 막기 위해 조성했다고 전해온다. 충남 서천군 서면 마량리의 동백나무 숲도 마을을 향해 불어오는 바닷바람을 막기 위해 조성한 방풍림으로 유명하다.

또 동백나무는 불길에 강하여 불이 번지는 것을 막아주기도 한다. 집 주변에 식재하거나 마을 어귀에 숲을 조성해 화마로부터 집을 보호하는 데 이용했다. 전북 고창 선운사를 비롯해 전남 강진 백련사, 해남 대흥사 등의 동백나무 숲은 주변 산에서 발생한 산불로부터 사찰을 보호하기 위해 심었다고 알려진다. 실제로 남부 지방의 사찰 주변에 조성된 많은 동백나무 숲은 아마 이같은 이유로 인위적으로 식재한 것으로 추측한다. 완도군 보길도 윤선도尹善道, 1587~1671년 유적지 주변의 동백나무도 이런 이유로 조성한 것으로 본다.

개화 기간이 길고 화려해 관상 가치가 높은 동백나무는 남쪽 지방

남해 상주해수욕장 곰솔 방조림

에서 정원수로 매우 인기가 높다. 난대성 수종이기는 하지만 최근에는 겨울철 기온이 올라가고, 미기후 형성으로 중부 지방의 대도시는 물론 충남 지역까지 노지의 정원수로 식재하고 있다.

동백나무의 생리적 특성을 고려해, 주변의 다른 수목들이나 건물 등을 이용해 차고 건조한 바람을 막아주고 공중 습도를 유지할 수 있는 환경만 조성해준다면 보다 다양한 조경 용도로 식재할 수 있다. 특히 개화 시기가 뚜렷하게 차이 나는 교목성 혹은 아교목성인 목련, 관목성인 진달래과 식물들과 배식이 잘 어울린다. 또 주변 환경이 양호하다면 전정剪定 이후의 맹아력萌芽力: 움트는 능력도 좋으므로 도시의 단조로운 조경 수종에서 벗어나 겨울철에 개화가 가능한 산울타리 혹은 경계 수종 등으로 식재할 수 있다.

기름을 바른 듯 반들거리는 진한 초록색 잎과 선명한 붉은색이 완벽한 보색 대비를 이룸으로써 다른 꽃에 비해 가치가 매우 높다. 그러므로 절화切花를 이용한 꽃꽂이, 꽃다발, 리스, 갈런드, 테이블 장식, 코르사주 등 거의 모든 꽃 작품에 훌륭한 소재로 이용한다. 동양적이면서 단아한 화형은 일본 꽃꽂이를 비롯한 동양식 꽃꽂이에서 좋은 소재로 이용하며, 원색의 꽃 색깔과 짙은 초록색 잎은 서양식 꽃꽂이와 현대식 꽃꽂이에도 활용 가능성이 큰 것으로 기대한다.

침엽성 상록수나
낙엽성 화목류 등과 함께
배식하기 좋은 동백나무

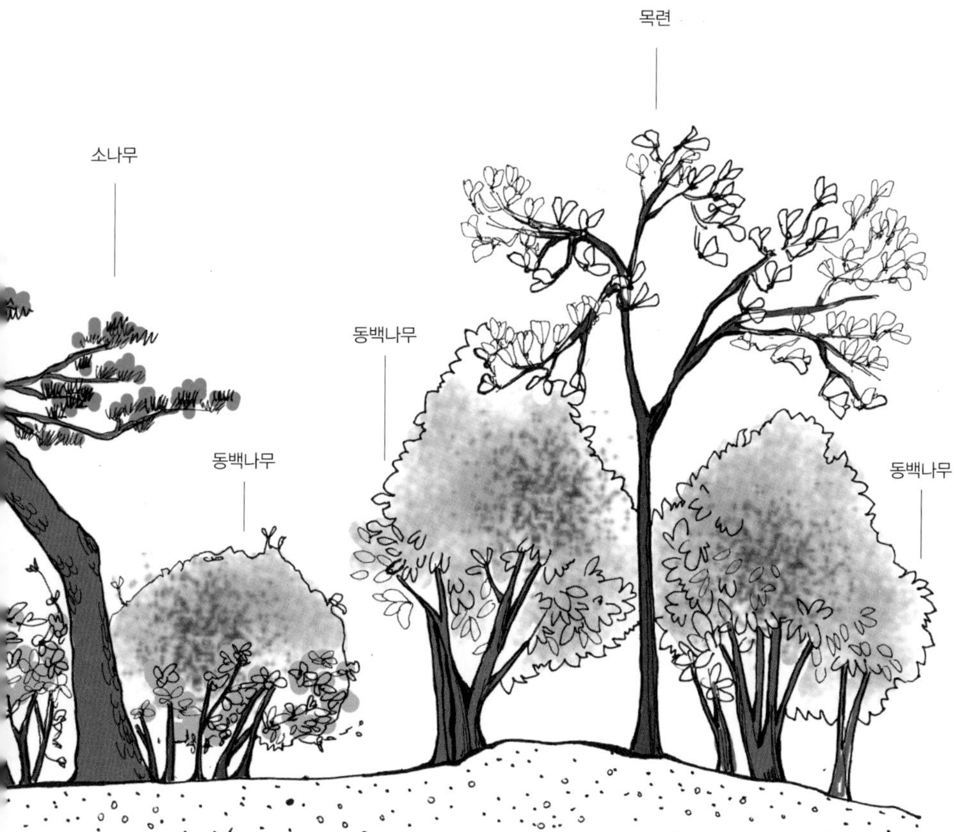
목련
소나무
동백나무
동백나무
동백나무

4

세계의 동백나무

동백나무의 분포

인도네시아 치보다스Kebon Raya Cibodas 지방의 차밭

흔히 동백이라 부르는 동백나무는 대부분 차나무과 동백나무속에 속하는 목본식물을 일컬으며, 인도 동부 지역에서 동아시아에 걸쳐 현재 200종 정도가 자생한다. 이 가운데는 드물게 말레이시아와 인도네시아 같은 열대 지역의 고산지대에 자생하는 종도 있다. 상록성 관목 또는 교목으로 성상性狀이 다양하며 중국 남부 지방이 원산지인 종이 80종 이상으로 가장 많다. 중국은 국토가 광활하고 환경 조건이 다양한데 주로 동남부에 많이 분포한다. 대부분의 종은 꽃이 아름답기 때문에 관상식물로 이용하고, 어린잎을 차로 마시거나 종자에서 기름을 채취하는 등 자원 식물로서 활용성이 매우 높다.

동백나무의 분류에 대한 연구는 J. R. 실리J. R. Sealy 교수가 발표한 기본종 82종에서 비롯되었다. 이후 많은 학자가 지속적으로 새로운 분류군을 연구하고 종간교잡을 비롯해 또 다른 원예 품종을 발표함으로써 현재 전 세계적으로 약 5,000종 이상의 품종을 재배하고 있는 것으로 알려졌다.

우리나라에서는 동백나무속 식물로는 유일하게 동백나무*Camellia japonica*가 주로 남 · 서해안과 도서 지역에 자생한다. 동아시아에서 동남아시아에 이르는 지역의 고유종은 동백나무와 비슷한 종으로 상록활엽수림대의 대표 수종으로 분포한다. 이 수종은 중국의 양쯔 강 이남에서 인도차이나 반도를 지나 인도네시아에까지 분포하며, 서쪽으로는 네팔 · 부탄에, 동쪽으로는 일본의 아오모리에 걸쳐 자생한다. 우리나라는 위도상으로 가장 북쪽에 분포하는 동백나무의 자생지로 알려져 있다. 오늘날 서양에서 재배하는 동백나무는 한국을 비롯해 중국, 일본 등의 동아시아에서 전래해 육종 과정을 거친 재배 품종이 대부분이다.

지구 상에서 동백나무속 식물은 대개 동아시아 지역에 집중적으로 분포하고, 아메리카 대륙이나 오세아니아 지역에서는 전혀 발견되지 않는다. 이러한 특성으로 보건대, 동백나무는 지구의 기온이 매우 따뜻하던 지질학적 제3기tertiary period 동안 극지식물이 이동해 현재의 자생지에 분포하는 고식물이 아닌, 빙하기와 간빙기가 주기적으로 반복하던 홍적세洪積世, pleistocene epoch 기간에 아시아에서 새롭게 분화한 식물로 추정한다. 1957년 일본의 효고현에서 애기동백과 유사한 동백나무류의 열매와 잎의 화석이 출토되어 이러한 추정을 뒷받침해 주고 있다.

동양의 동백나무

중국에서 동백나무 꽃은 오래전부터 많은 시인이 찬미하는 대상이었다. 중국 춘추시대 정치철학자이며 교육자인 공자孔子, BC 551~ BC479년도 이 꽃을 애호한 것으로 알려져 있다. 6세기 후반의 중국은 수나라에 이어 당나라618~907년 시대에 중국 대륙은 물론 오늘날의 베트남에 이르기까지 광대한 국가를 형성했다. 당시 귀족 사이에서는 동백기름이 유행해 그 열매가 달리는 동백나무 역시 귀중하게 여겼다고 한다. 당나라 시대의 문헌에는 동백나무를 '남쪽 지역에서 바다를 통해 운반하는 석류와 비슷한 열매가 달리는 나무'라는 의미로 '해석류海石榴'라고 기록되어 있다.

이후 16세기 말 명나라의 이시진李時珍, 1518~1593년이 지은 《본초강목本草綱目》에는 동백나무를 산다山茶로 표기했다. 청나라1616~1912년 시대 진부요陳扶搖가 1688년에 저술한 원예 서적 《비전화경秘傳花鏡》에서는 동백나무의 다양한 품종을 설명하고 있다. 근대에 이르러서는 20세기 중국 문학의 거장 루쉰魯迅과 궈모뤄郭沫若도 자신들의 문학작품에 동백나무의 아름다움을 표현했다.

1979년 1월 중국의 덩샤오핑이 미국을 방문했을 때, 미국 정부는 환영의 의미로 동양을 상징하는 붉은색과 흰색 동백나무 꽃 1,500송이로 식장을 장식했다고 한다.

중국에서는 윈난雲南 지역을 중심으로 자생하는 운남동백*Camellia reticulata*이 명나라 때부터 널리 알려졌다. 다른 동백나무류에 비해 꽃이 크고 화려한 운남동백은 중국에서 대다화大茶花로 불리며, 특히 쿤밍昆明 · 다리大理 등지에서는 사원, 공원, 일반 가정에서도 널리 재배하는 관상수이기도 하다. 윈난성 텅충騰沖에는 수령 700년 이상 된 운남동백 노거수가 남아 있는데, 높이가 20m에 이른다. 윈난은 운남동백 이외에도 동백나무속 식물 65종이 자생하는 것으로 알려져 있다. 차나무*C. sinensis*를 비롯해 보이차나무普 茶, *C. sinensis* var. assamica, 운남야산동백나무雲南野山茶, *C. pitardii* var. yunnanica, 살루에넨시스동백나무怒江山茶, *Camellias saluenensis* 등이 대표적이다.

이 가운데 운남동백은 일찍부터 일본과 유럽에 전해져 오늘날 유명한 재배종 동백나무의 모본이 되었다. 특히 윈난의 기후와 풍토에 잘 적응한 운남동백은 꽃이 화려해 1950년 영국 런던에서 개최한 '국제동백나무·목련 국제회의'에서 중국의 저명한 동백나무 연구가 유덕준兪德浚 교수가 소개한 바 있다. 그의 발표 내용을 토대로 1958년 《운남산다화도지雲南山茶花圖志》라는 전문 서적이 출간되어 세계적으로 널리 알려지기 시작했다.

중국 운남세계원예박람회장의 동백나무 조형물

중국 쿤밍 식물원의 동백나무원

중국 과학원 운남식물원의 동백나무 전시회

1965년에는 중국의 호선효胡先驌 교수가 카멜리아 크리산타*C. chrysantha*를 발견해 전 세계에 알렸으며, 이후에도 많은 학자가 중국의 야생 동백나무에 대한 연구를 진행했다. 현재 크리산타동백나무로부터 28품종의 원예종을 육종해 재배하고 있다. 또 저장성浙江省 루이안시瑞安市에는 수령 1,300년 이상 된 거대한 크리산타동백 노거수가 남아 있는데, 이 나무는 중국에서 가장 오래된 동백나무류로 알려져 있다. 중국에서 야생의 동백나무 종류가 널리 분포하는 지역은 푸젠성福建省, 장시성江西省, 광둥성廣東省, 광시성廣西省, 윈난성雲南省, 구이저우성貴州省, 쓰촨성四川省 등으로 대부분 대륙의 서남부에 위치한다. 중국은 활발한 연구와 재배에 힘입어 1984년 윈난성 쿤밍시에 자리한 중국과학원 쿤밍 식물연구소에서 국제동백나무학회를 개최하기에 이르렀다.

일본에서 동백나무가 문헌에 등장하는 것은 가장 오래된 역사서

《일본서기日本書紀》부터이다. 덴무天武 천황 재위 13년685년에 신하가 백해석류白海石榴, 흰 꽃 동백나무를 진상한 것으로 기록되어 있다. 이 밖에도 《고사기古事記》《만엽집万葉集》 등 8세기경에 저술한 것으로 알려진 일본의 여러 고문헌에도 나온다. 일본 열도에서 야생 상태의 동백나무는 홋카이도를 제외하고 전국적으로 널리 분포하는 수종이기도 하며, 일본인의 사랑을 많이 받고 있다. 일본에서는 이미 7세기경부터 동백나무 종자에서 기름을 짜 이용한 것으로 알려졌으며, 8세기경에는 동백나무를 일본 고유의 신앙인 '신도神道'의 상징으로 사용하기도 했다. 그리고 동백나무를 오랜 기간 중국 고전에서 표기한 대로 해석류 또는 해류海榴라고 불렀다.

오늘날 일본에서는 동백나무를 '쓰바키tsubaki'라 부르고 한자 춘椿으로 표기한다. 춘은 '木 + 春'의 형태로 봄을 알리는 나무를 뜻하며, 본래 椿의 의미인 참죽나무와는 다르다. 이러한 별개 의미의 한자를 언제부터 동백나무의 이름으로 사용했는지는 정확하지 않다. 일본의 헤이안平安, 794~1185년 시대에 지은 와카和歌: 6~14세기의 일본 전통 시가에 '옥춘玉椿'이라는 표현이 나오지만, 이 단어가 동백나무를 의미하는지는 분명하지 않다.

일본 거리에서 판매하는 동백나무 묘목

무로마치室町, 1336~1573년 시대에는 야생 상태의 동백나무를 재배하는 차원을 넘어 새로운 형질의 품종을 육성하기 위한 원예적 시도가 본격적으로 이루어지기도 했다. 당시에는 에도江戶라 부르던 현재의 도쿄 일대에서 동백나무를 육종하는 움직임이 붐을 이루었다. 긴 전쟁이 끝난 후 무사들 사이에 동백나무를 재배하는 취미가 유행한 것이다. 특히 도쿄 근교의 가와구치시川口市 지역을 중심으로 새로운 동백나무 품종의 육성과 재배가 널리 이루어졌으며, 이 같은 동백나무를 특별히 '교쓰바키京椿'라고 불렀다. 교쓰바키는 오늘날 일본 고유의 동백나무를 일컫는 의미로 사용한다. 뒤이어 에도1603~1867년 시대의 도쿠가와 2대 장군인 도쿠가와 히데타다德川秀忠, 1579~1632년는 성안에 동백나무를 비롯해 많은 꽃을 심어 즐겼다는 기록이 있다.

이 시기는 일본에서 오랜 전쟁이 끝나고 국가적으로 안정된 분위기여서 동백나무 재배가 특히 유행했으며, 일본인의 생활 곳곳에서 동백나무 문양이나 꽃꽂이 소재로 널리 이용하기에 이르렀다. 일본 유학자 사카가미坂上韋林庵는 1638년에 《시미즈 이야기清水物語》라는 책을 저술하며 에도 곳곳에서 자라는 아름다운 동백나무에 대해 논했다. 또 히고반肥後藩이라 부르던 현재의 구마모토현 지역의 무사들은 동백나무 뿌리를 노출해 고목 느낌이 나는 분재로 가꾸어 감상했다고 한다. 오늘날까지 재배하는 이 같은 동백나무 분화는 '히고쓰바키肥後椿'라 부른다. 1879년에는 동백나무 199품종의 특징과 모양을 상세히 정리한 《춘화집椿花集》이라는 책이 발간되었다. 이 책에는 품종에 따른 꽃의 색깔과 화형을 토대로 동백나무를 분류했는데, 이 중 일부는 지금도 재배하고 있다.

이후 중국과 일본의 동백나무류 분류에 대해 유명한 식물분류학자

나카이 다케노신中井猛之進, 1881~1952년 교수가 1940년 〈일본과 중국에서 자라는 동백나무 식물의 신분류법日華兩國産椿族植物の新分類法〉이라는 논문을 발표했다. 1953년에는 일본동백나무협회가 발족했고, 현재 전국에 40개 지부를 운영한다. 또 1960년에는 동백나무 애호 단체인 교토원예클럽이 결성되기도 했다.

일본은 2010년을 기준으로 전국의 66개 시市, 148개 정町, 20개 촌村에서 동백나무를 상징화로 지정했다. 지금까지 일본은 세계 동백나무를 재배하고 육종하는 일을 활발히 해왔는데, 자국의 자생 동백나무는 물론 신품종을 개발하고 이를 전 세계에 알리는 데 힘쓰고 있다. 이렇게 노력한 결과 현재의 도쿄도東京都 오시마섬에 분포해 있던 천연 동백나무림을 도립공원으로 지정하고, 1957년부터 본격적으로 동

동백나무 축제와 동백자료관 등 일본 속의 동백나무

백나무원椿園을 조성해 오시마 공원을 개장하기에 이르렀다. 또 후쿠오카현의 구루메 동백나무원久留米椿園을 비롯해 도쿠시마현 동백나무자연원椿自然園, 교토시의 일명 '춘사椿寺'라고 부르는 지장원地藏院 등 전국적으로 90여 개의 동백나무 공원이 조성되었다.

일본에서는 농원에서 직접 재배하거나 민가 주위에서 자라는 일반 동백나무를 '쓰바키'라 부르는데, 이는 종류에 관계없이 모든 동백나무류를 통틀어 가리키는 표현이다.

일본에는 식물학적으로 기본종인 동백나무*C. japonica* 이외에도 덤불동백*C. japonica* var. *japonica*, 눈동백*C. japonica* subsp. *rusticana*, 사과동백*C. japonica* var. *macrocarpa* 등이 자생하는 것으로 보고되었다. 덤불동백은 일본 규슈에서 혼슈 북부에 이르기까지 광범위하게 분포하고, 지역에 따라 꽃과 잎의 차이가 있지만 형태는 동백나무와 거의 유사하다. 분류학자에 따라 동백나무와 덤불동백을 같은 종으로 보는 경우도 있다. 이 때문에 우리나라에 자생하는 동백나무를 덤불동백으로 보는 학자도 있다.

덤불동백나무 꽃

눈동백은 우리나라의 동해를 바라보는 아키타현에서 사가현 북부에 이르는 산악지대의 다설 지역에 주로 자생한다. 동백나무의 아종인 눈동백은 다른 동백나무 종류와 달리 일본 내 분포지가 뚜렷하게 한정되어 있다. 그러나 눈동백을 동백나무와 별개의 종으로 분류해 *C. rusticana*

Honda로 표기하거나 동백나무의 변종으로 *C. japonica* var. *decumbens* Sugimoto라고 적기도 한다. 겨울철에는 잎과 가지의 대부분이 눈 속에 묻혀 월동하는 경우가 많다. 줄기는 밑에서부터 갈라져 나와 긴 가지가 발달하며, 잎자루에는 가는 털이 있고, 꽃의 수술이 짧으며 황금색을 띤다. 일본에서는 덤불동백과 눈동백의 교잡종도 많이 나타나며 *C. camellia* var. *intermedia* Tuyama로 별개 분류군으로 인정한 경우도 있다.

사과동백은 잎과 꽃잎이 다른 종에 비해 가는 특징이 있어 원예적으로 가치가 높다. 또 열매의 과피가 두껍고, 크기도 지름 5~7cm로 상대적으로 크다. 규슈 가고시마현의 야쿠시마에서 처음 발견되었으나 시코쿠와 야마구치현에도 분포하는 것으로 알려져 있다.

이 같은 일본의 다양한 동백나무 종은 일본인이 자국의 자생 동백나무에 관심을 갖고 과학적으로 깊이 연구한 결과이다. 이들 종은 분포지가 명확하게 제한되었다는 점에서 단순히 환경 조건에 적응한 형질이 유전적으로 고정된 생태형ecotype이라 볼 수도 있지만, 일본인은 이들을 별개 분류군으로 나누었다. 따라서 우리나라 여러 지역에 분포하는 자생 동백나무도 분류학적 관점에서 깊이 연구한다면 여러 유형의 분류군이 나올 가능성이 충분히 있다.

서양의 동백나무

다양한 동백나무속 식물 가운데 한국과 일본 등 동아시아에 자생하는 동백나무는 16세기경 포르투갈인이 처음으로 유럽에 소개했으며, 영국에는 18세기 초에 전해진 것으로 알려져 있다. 당시 포르투갈인은 차와 향신료를 구하기 위해 대규모 선단을 이끌고 동양으로 진출해 무역을 하는 과정에서 꽃이 아름다운 동백나무를 유럽에 전했을 것으로 추정한다. 반면 꽃 모양이 동백나무와 비슷한 중국의 운남동백은 17세기경 영국으로 건너간 것으로 알려졌다.

당시는 영국이 활발하게 동양 진출을 모색하던 시기였다. 중국 푸젠성의 샤먼厦門에 위치하던 영국 동인도회사에 소속된 의사 제임스 커닝햄James Cunninghame이 중국 동남 해안 일대에서 동백나무류의 석엽 표본을 채집해 본국으로 보낸 것이 최초라고 전해진다. 그 후 영국의 로Row 선장이 윈난성에서 채집한 운남동백의 종자를 1820년에 영국으로 가져갔으며, 그 종자에서 나온 동백나무 가운데 '린들리Lindley'라는 품종을 선발해 1827년에 소개했다. 이 계통은 오늘날에도 '캡틴 로Captain Row'라는 품종으로 재배하고 있다.

영국은 초기에 동백나무 종자를 중국에서 수입해 재배하던 차원에서 벗어나 새로운 품종을 육성하는 데 힘을 쏟았다. 1831년 영국의 챈들러Chandler는 '엘리건스Elegans' 품종의 가지 끝 생장점에서 발생한 돌연변이인 아조변이芽條變異, bud mutation를 이용한 신품종 육성에 성공했다. 지금도 엘리건스 계통의 동백나무로 알려진 품종을 재배하고 있다. 영국으로 건너간 동양의 동백나무는 원예 생활을 즐기는 영국인들이 자신들의 정원에 키우기 시작하면서 기후가 온화한 남부 유럽으로 급격히 보급되기에 이르렀다. 그 후에도 식물 채집가이던 로버트 포천Robert Fortune은 운남동백의 겹꽃을 채집해 품종명 '파고다Pagoda'로 소개했다. 또 네덜란드 동인도회사의 앵겔베르트 켐퍼Engelbert Kaempfer는 중국에 자생하는 동백나무류를 자세히 조사해 그림과 함께 1712년 서적으로 출간하기도 했다. 또 프랑스에서는 기온이 따뜻한 낭트 지역에 1892년까지 수많은 동백나무 양묘장을 조성했다.

유럽을 비롯한 서양 각국에 소개된 동백나무는 동양의 이국적 아름다움을 지닌 꽃이라 하여 순식간에 많은 사람을 매료시켰다. 1830년대에는 초기에 동백나무를 도입한 영국이나 네덜란드를 넘어 프랑스, 이탈리아, 벨기에 등 유럽 각지로 동백나무가 소개되었다. 특히 동양의 동백나무는 전형적 지중해성 기후인 이탈리아에서 잘 적응했다. 이탈리아 기후와 풍토에 정착한 동백나무는 새롭게 육성한 품종을 지속적으로 선보이기에 이르렀다. 당시 이탈리아의 수도원장이던 로렌초 베를레세Lorenzo Berlese는 동백나무를 수집하는 일에 힘써 유럽 내에서 가장 많은 품종을 보유했다. 1837년 그는 자신이 수집한 282품종에 대해 상세한 설명을 덧붙인 자료를 발간했으며, 1841년에는 동백나무 282품종을 실은 카탈로그를 발행해 유럽에 소개하기도 했다.

벨기에에서는 알렉산드르 베르샤펠트Alexandre Verschaffelt 부자가 상업적으로 재배하던 623품종의 동백나무에 대한 설명과 채색 삽화를 담은 전문 서적을 발간했다. 유럽에서는 이 시기1848~1860년를 '동백나무의 전성기'라고 부른다. 알렉상드르 뒤마가 《춘희》를 발표한 해1848년와 같다.

한때 신품종 개발이 뜸해지며 유럽에서 인기가 떨어지던 동백나무는 1924년 영국의 식물 탐험가 조지 포레스트George Forrest가 중국 윈난 지역에서 살루에넨시스동백怒江山茶, *Camellias saluenensis*를 채집해 소개하면서 다시 인기를 끌기 시작했다. 살루에넨시스동백은 얼핏 보면 우리나라 자생 동백나무와 유사하지만, 수형이 관목에 가깝고 꽃이 더욱 크고 많으며 적당한 내한성도 지니고 있다. 무엇보다 동백나무와 교잡이 잘 이루어져 신품종을 육종하기 위한 모본으로 활발히 이용할 수 있었다.

J. C. 윌리엄스J. C. Williams는 살루에넨시스동백과 동백나무의 종간교잡을 토대로 새로운 품종을 육종했는데, 이들 계통을 '윌리엄스의 동백Williams's Camellia'이라고 부른다. '윌리엄스의 동백' 품종은 잎과 줄기의 형질 특성이 동백나무와 유사하지만, 꽃은 살루에넨시스동백과 같이 화경 6~15cm로 크며 홑꽃 혹은 반겹꽃 형질을 나타낸다. 이와 같은 동백나무의 종간교잡종은 1941년에 '도네이션Donation' 품종이 발표되었고 '레너드 메셀Leonard Messel' 같은 신품종을 꾸준히 육성하고 있다. 20세기 초에 이르러 영국을 비롯한 유럽에서는 19세기경의 높은 인기에는 미치지 못하지만 최근까지도 동백나무는 지속적으로 인기를 얻고 있다. 1951년에는 영국 왕립원예협회Royal Horticultural

Society가 주축이 되어 세계적인 동백나무 전람회를 개최해 큰 주목을 받기도 했다.

아메리카 대륙의 차나무과 식물로는 프랭클리니아*Franklinia alatamaha* 1종이 미국의 남동부에 자라고 있으나 동백나무속 식물은 자생하지 않는다. 프랭클리니아는 여름철에 홑겹의 흰 꽃이 피는 아교목으로, 우리나라의 노각나무*Stewartia pseudocamellia*와 비슷하다. 또 남미 에콰도르에 흰 꽃이 피는 차나무과 라플라세아Laplacea속 식물 1종만 자생할 뿐이다. 그러므로 신대륙에서는 일찍부터 영국에서 동백나무를 수입해 재배했다. 유럽 대륙과 마주한 미국 동부 지역을 중심으로 이미 1797년에 붉은 화색의 동백나무를 재배했다는 기록이 있다.

특히 미국에서는 매사추세츠주의 종묘업자이던 찰스 M. 호비Charles M. Hovey는 동백나무를 보급 · 육종하는 데 큰 역할을 했다. 당시 그의 농장에서 발행한 동백나무 카탈로그에는 재배종 102품종이 게재되어 있었다. 또 그가 육종한 '호비Hovey'는 오늘날에도 재배하는 우수한 동백나무 품종이기도 하다. 당시 매사추세츠 원예협회 회장이던 마셜 P. 와일더Marshall P. Wilder 역시 동백나무를 보급하는 데 크게 공헌한 인물이다. 그는 스스로 육종을 통해 신품종을 개발하기보다 주로 영국에서 많은 재배 품종을 도입해 미국에 소개했다.

미국에 동백나무가 도입된 초기에는 주로 동부 지역 일대를 중심으로 재배했다. 그러나 겨울철에는 기후가 한랭해 종 또는 품종에 따라 온실에서 재배할 수밖에 없었다. 그러던 중 점차 온화한 남부로 재배 지역이 확대되면서 인기가 더욱 높아졌다. 이후 서부 지역에까지 확

미국 캘리포니아주 LA의 데스칸소 식물원의 동백나무

대되어 캘리포니아주 새크라멘토시에는 1852년에 소개되어 재배하기 시작했다. 캘리포니아주를 비롯한 서부 지역은 동백나무의 생육 환경에 적합해 재배 면적이 급속히 늘어났고 다양한 품종이 육종되기에 이르렀다. 오늘날 태평양 연안과 멕시코만 일대는 아메리카 대륙에서 동백나무를 가장 많이 재배하는 지역이다.

20세기에 이르러 유럽에서는 동백나무 재배의 인기가 수그러든 데 반해 신대륙에서는 여전히 인기가 높았다. 식물학자 존 L. 크리치John L. Creech 박사는 일본, 중국 등 동아시아에서 다양한 야생 동백나무류를 수집해 미국에 소개했으며, 미국 동백나무협회American Camellia Society, www.camellias-acs.com를 조직해 새로운 품종을 보급 · 육종하는 데 힘썼다. 1947년에는 미국의 월터 E. 래머츠Walter E. Lammerts 박사 일행이 운남동백을 정식으로 채집해 미국에 보급했다. 그 덕분에 오늘날 미국은 캘리포니아주를 중심으로 동백나무 품종의 재배 중심지가 되었다.

기후가 온화한 지구 남반구의 오스트레일리아와 뉴질랜드에는 영국, 미국을 통해 한발 늦게 동백나무가 소개되었다. 오스트레일리아에 위치한 캡틴 파크Captain Park 농장의 농장주인 맥아더Macarthur 가문의 아들이 1831년 영국 런던에서 동백나무 묘목을 가지고 왔다는 기록이 남아 있다. 초기에 오스트레일리아에 소개된 품종은 동백나무 재배 품종인 '웰뱅키아나Welbankiana'와 흰 겹꽃이 피는 '카르네아Carnea' 등으로 알려져 있다. 1885년 식물 재배가인 셰퍼드Shepherd가 발간한 동백나무 품종 카탈로그에는 무려 144품종이 실려 있었다. 1880년대 오스트레일리아에서는 동백나무의 인기가 절정에 달했다. 그러나 세계적 경제 공황 탓에 잠시 주춤했다가 제2차 세계대전 이후 다시 동백나무의 인기가 이어졌다.

특히 유럽에서 동백나무의 인기가 주춤하던 시기에 미국을 비롯한 오스트레일리아와 뉴질랜드는 동백나무의 육종 · 재배 · 연구의 중심지로 떠올랐다. 오스트레일리아에서는 시드니 대학의 E. G. 워터하우스E. G. Waterhouse 교수가 많은 신품종을 육성했다. 그는 자신의 이름과 가족의 이름을 따서 '마거릿 워터하우스Margaret Waterhouse', '재닛 워터하우스Janet Waterhouse' 등의 원예 품종을 발표했고, 그의 이러한 노력에 힘입어 오스트레일리아를 비롯한 서양에서 다시 동백나무가 인기를 끌었다. 특히 그의 저서 《Camellia Quest》1947년와 《Calmellia Trail》은 컬러 삽화와 함께 동백나무를 체계적으로 해설한 책으로 유명하다.

뉴질랜드에는 오스트레일리아에 비해 2~3년 늦은 1834년경에 동백나무가 도입되었다. 뉴질랜드의 원예가 스톡스Stokes가 오스트레일리아에서 수입한 식물 목록에 동백나무가 포함되었다는 기록이 공식적으로 가장 오래된 것이다. 그 후 쥘리July를 비롯해 헤이든Haydon 등이 많은 신품종을 발표했다. 뉴질랜드는 1964년 중국에서 운남동백을 유전자원으로 공식 수입하기도 했다. 오스트레일리아와 뉴질랜드는 동백나무의 생육 환경에 적합한 기후 조건을 갖춘 덕분에 오늘날 신품종의 육성과 재배가 활발히 이루어지는 국가가 되었다.

1962년 4월 세계 12개국의 동백나무 관계자가 참석해 영국의 찰스 퍼들Charles Puddle 교수를 회장으로 추대하고 국제동백나무협회International Camellia Society, I.C.S.를 창립했다. 현재 전 세계 2,000여 명이 회원으로 활동하고 있다. 국제동백나무협회의 운영 목적은 '전 세계 동백나무와 관련한 역사적 · 과학적 · 원예학적 연구를 수행하고, 각국의 동백나무 단체와 교류하는 것은 물론 동백나무에 대한 정보를 교환하며, 동백나무 애호가들과 우호를 도모한다'는 것이다.

국제동백나무협회는 국제회의를 2년에 한 번 세계 각국의 주요 도시에서 개최한다. 2010년에는 3월 20일부터 24일에 걸쳐 일본 후쿠오카현의 구루메시에서 16개국 234명의 관계자가 참여했다. 2012년 2월 5일부터 5일간에는 중국 윈난성 쿤밍의 추슝楚雄에서 열렸다. 또

2014년 국제회의는 스페인에서 3월에 개최하기로 의결했다. 1996년 홈페이지를 개설한 이래 지금까지 각종 정보와 품종 등록에 대한 편의를 제공한다www.camellia-international.org.

또 매년 〈International Camellia Journal〉을 발간해 동백 관련한 각종 연구 결과와 신품종 정보를 소개하는데, 2013년 현재 통권 제45호가 나왔다. 한편 국제동백나무협회에서는 1997년 오토모Otomo 기금을 설립해 동백나무의 분류와 육종에 힘을 기울이고 있다. 지금까지 이 기금을 통해 미국 노스캐롤라이나 대학의 클리퍼드 파크스Clifford Parks 박사가 동백나무 계통의 DNA 연구를 수행했으며, 오스트레일리아 · 중국 · 일본 · 베트남 등 전 세계 수많은 동백나무 연구자가 연구비를 지원받았다.

동백나무 대표 종류

카멜리아 크리산타*Camellia chrysantha* (Hu) Tuyama

크리산타동백나무
Golden Camellia, Gold flower Tea
キンカチャ
金花茶금화다
염색체 수: 2n = 30

중국 서남부 지역에 해당하는 저장성, 광시성을 비롯해 베트남 등지의 아열대 기후대가 원산지인 상록성 관목 혹은 아교목으로 1965년에 육성한 새로운 종이다. 자생지에서 수고 2~5m로 자라며, 중국에서는 천연기념물로 지정해 국외 반출을 금지하는 식물종이다. 줄기와 가지는 털이 없이 매끈하며 엷은 회백색을 띤다. 잎은 호생하고 긴 타원형이며 끝이 뾰족하고 광택이 많은 혁질단단하고 질긴 성질로, 표면이 약간 울퉁불퉁한 것이 특징이다. 잎 길이 11~19cm, 폭 4~7cm이며 잎자루는 털이 없고 길이 1.5~1.8cm이다.

꽃은 11월부터 이듬해 3월에 걸쳐 지름 6~8cm로 선명한 황색을 띠며 피는데 약간의 향기가 난다. 보통 전년도 가을과 봄에 발달한 가지의 잎겨드랑이엽액leaf axil에 1~2송이씩 개화한다. 꽃잎은 9~11장이고 광택이 나며 아름답다. 많은 수술은 수술군을 이루며 기부基部의 2분의 1 정도가 붙어 통형을 형성한다. 씨방은 3실이고 털이 없다. 열매는 찌그러진 구형이며 지름 6~8cm로 털이 없이 매끈하다. 열매의 성숙기는 10~12월이다. 화색이 황색인 형질을 이용해 다양한 색상의 동백꽃을 개발하기 위한 육종 재료로 널리 이용한다. 그러나 자생 동백나무와의 교배 친화성은 좋지 않은 것으로 알려졌다. 주로 접목으로 번식하며 애기동백나무 대목台木과 약간의 친화성이 있다.

중국에서는 잎과 꽃을 햇볕에 말려 생약으로 이용하는데, 특히 식물체는 당뇨병의 특효약으로 이용한다. 다른 동백나무속 식물에 비해 내한성이 약한 것이 단점이며, 겨울철에 영하 3~5℃ 이하로 기온이 내려가는 지역은 노지 재배가 불가능하다. 특히 우리나라 같은 온대 지역에서 재배할 때는 온실에서 별도로 관리하는 것이 안전하다.

카멜리아 레티쿨라타*Camellia reticulata* Lindle.

레티쿨라타동백나무
Reticulata Camellia
トウツバキ唐椿
大茶花대다화, 南山茶남산다, 雲南山茶花운남산다화
염색체 수: 2n = 90

중국 윈난성 해발 2,000m 일대의 평탄지에서 주로 자생하는 동백나무의 한 종류로, 흔히 '운남동백'이라 한다. 수고 10~15m의 아교목 또는 교목으로 높이 자라며 수피는 회갈색을 띠고 매끄러우며 털은 없다. 자생지에서 흉고 지름이 30~60cm로 자라며, 가지는 가늘면서 황갈색을 띠고 가는 털이 있거나 없는 경우도 있다.

수형을 비롯해 식물 기관의 형태가 대부분 동백나무와 거의 비슷하지만, 암술과 씨방에 가는 털이 있는 것으로 구별할 수 있다. 화경이 15cm에 이를 정도로 크고, 일반 동백나무 꽃에 비해 화려하고 풍성하다. 특히 '탈리Tali' 품종은 화경이 16cm 이상의 대형이다. 꽃은 자생지에서 11월 하순부터 이듬해 4월에 걸쳐 오랜 기간 피는데, 일반적으로 150일 정도 개화한다. 잎은 호생하고 광타원형 혹은 장타원형이며 길이 6~14cm, 폭 2.6~6cm로 좁고 길게 자란다. 잎의 색깔이 동백나무치고는 연하며 광택도 적다. 잎맥이 깊게 파여 뚜렷하게 보이며 잎자루는 길이 0.4~1.5cm이다.

실제로 유럽에서는 동백나무보다 꽃이 크고 화색이 선홍색으로 화려한 운남동백이 더 많이 알려져 재배하고 있다. 중국 남부에서 야생 운남동백은 수고 5m 이하로 자라는 것이 보통이지만, 환경 조건에 따라 10m 이상으로 자라는 경우도 있다. 동백나무의 염색체 수는 2n=30으로 3배체 종이지만 운남동백은 2n=90으로 기본 염색체 수의 3배인 3배체 종으로 알려져 있다. 일반적으로 이와 같은 배수성을 지닌 식물은 대개 식물체나 꽃이 커지는 경향이 있어 인위적으로 배수체를 유도해 육종에 이용하기도 한다. 화색은 연한 분홍색부터 붉은색에 이르기까지 다양하며 꽃잎은 5~7장이다. 운남동백은 육종을 통해 영국을 중심으로 많은 원예 품종이 개발 · 유통되고 있다.

'하워드 애스퍼Howard Asper', '밀로 로웰Milo Rowell', 밸런타인 데이Valentine Day', '로열 로브Royal Robe', '프랜시Francie', '파이어 치프Fire Chief' 등은 운남동백과 동백나무를 종간교잡해 육종한 대표 품종이다. 또 인기를 얻고 있는 '드림 걸Dream Girl' 품종은 운남동백과 애기동백나무의 교잡을 통해 육종했으며, 겨울철에 내한성이 매우 약한 것이 특징이다. 게다가 접목 번식과 관련해 자생 동백나무와 종간 접목이 용이하지 않아 접목 친화력이 거의 없다고 알려져 있다. 종자를 이용한 실생묘는 4~7년이 경과하면 개화주開花株로 자란다.

카멜리아 사산콰*Camellia sasanqua* Thunb.

애기동백나무
Sasanqua
サザンカ
茶梅다매
염색체 수: 2n = 90

일본 혼슈의 야마구치현, 시코쿠의 남서부, 규슈와 오키나와 일대가 원산지로 알려져 있다. 중국 남동부에도 분포하는 것으로 전해지며 해안 근처의 구릉지나 산간 계곡에 자생하는 것으로 조사되었다. 우리나라에서는 애기동백나무로 잘 알려져 있다.

애기동백나무는 줄기가 사방으로 퍼지며 높이 5m 정도로 자라지만 드물게 10m에 이르는 경우도 있다. 1~2년생 가지에는 거친 털이 있는데, 자라면서 담갈색으로 변한다. 줄기는 회색을 띠며, 꽃은 가지 끝에 하나씩 핀다. 화경은 4.5~8cm이며, 화색은 흰색이 기본이지만 붉은색도 있다. 꽃에서 연한 향기가 나며 동백나무 꽃과 달리 꽃잎과 수술이 하나씩 떨어지는 것이 특징이다.

암술의 주두는 4~5개로 갈라지고, 암술대는 동백나무에 비해 짧으며, 씨방은 가는 털로 덮여 있다. 잎은 호생하고 길이 3~7cm, 폭 2~3cm로 잎 표면에 광택이 나며 가장자리에 둔한 잔톱니가 있다. 잎

구분	화형	방향성	낙화 형태	수술	암술	열매	잎	어린 가지
동백나무	통형	대부분 없음	꽃이 통째로 떨어짐	길고 통형	씨방에 털이 없음	크고 털이 없음	크고 털이 없음	굵고 털이 없음
애기 동백나무	평면형	약한 향기	꽃잎이 하나씩 떨어짐	짧고 밑부분까지 갈라짐	씨방에 털이 있음	작고 털이 있음	작고 주맥과 엽병에 털이 있음	가늘고 털이 있음

동백나무와 애기동백나무의 형태적 차이

자루는 길이 5~8mm이며 털이 있다. 동백나무에 비해 개화 시기가 빨라 10~12월경에 꽃이 핀다. 잎의 주맥과 어린 가지에는 가는 털이 있다.

열매는 작은 편이고 가는 털이 있다. 구형으로 지름 1.5~2cm이며, 과피는 두껍고 혁질이며 종자는 암갈색이다. 성질이 강건해 건조하거나 염기가 많은 흙에서도 자랄 수 있다.

원예 품종도 많이 육종 · 재배하는데, 백색 · 분홍색 · 겹꽃 등으로 매우 다양하다. 번식은 종자를 이용한 실생 번식이 가능하고 삽목과 접목, 취목도 용이하다. 높은 공중 습도를 좋아하고 강한 광선보다 적당한 반그늘에서 잘 자란다. 전정에도 잘 견디므로 산울타리 등의 조경 용수로 흔히 이용한다.

카멜리아 시넨시스*Camellia sinensis* (L.) Kuntze

차나무
Tea, Common Tea, Chinese Tea
チャ
茶다
염색체 수: 2n = 30

야생 차나무는 수고 17m에 이를 정도로 높게 자라는 상록성 교목이다. 어린 가지에는 털이 있으나 자라면서 점차 없어진다. 잎은 호생하며 길이 2~17cm, 폭 3~6cm의 넓은 타원형으로 크고 혁질이며 가장자리에 가는 톱니가 있다. 어린잎의 표면에는 털이 있으나 여름철이 되면 없어진다. 잎자루는 길이 5~12mm이며 흰 털이 있다.

꽃은 11월경에 잎겨드랑이나 가지 끝에서 지름 3~5cm로 흰색 혹은 연분홍색으로 피며 취산화서聚繖花序 형태를 띤다. 보통 꽃잎은 5장, 꽃받침잎은 5장의 홑꽃이지만 드물게 꽃잎이 퇴화하거나 5장 이상인 것도 있다. 수술은 일정하지 않으나 200~300개로 수술군을 이루며 암술은 하나이다. 암술 끝의 주두는 다른 동백나무류와 마찬가지로 3~4갈래로 갈라졌으며 씨방은 털로 덮여 있다.

개화기는 지역에 따라 조금씩 다르나, 보통 10월부터 이듬해 1월에 이르기까지 긴 편이다. 열매는 찌그러진 구형이고 지름 3cm 이하이며, 성숙기는 10~11월이다. 뿌리는 세근잔뿌리이 거의 없고 주근원뿌리이 2~5m로 길고 곧게 자란다.

차나무는 어린잎이나 싹으로 차를 만드는 데 주로 사용한다. 원산지는 중국 동남부와 쓰촨 지역 또는 동남아의 메콩 강 지역으로 추정하며, 인도 · 스리랑카 · 케냐 등에서도 상업적으로 재배하고 있다. 우리나라에는 신라 42대 흥덕왕826~836년 때 들어온 것으로 알려져 있다.

우리나라의 야생 차나무는 다른 차나무과 차나무속 식물과 달리 북쪽 지방에서도 분포한다. 주로 북위 33°30′~36°05′ 일대의 전라도와 경상도에서 자라며, 해발고도 550m 이하 남향의 대나무 숲이나 잡목림에서 생육하는 것으로 보고되었다.

연평균 기온이 약 12.5℃ 이상, 최저기온 영하 15℃ 이상, 연 강수량 1,400mm 이상의 온난 다습한 지역과 약산성 토양에서 잘 자란다. 번식은 종자를 노천 매장 후 실생으로 번식하거나 1년생 가지를 삽목한다. 우리나라에서는 제주도, 전남 보성 등이 대표적 차나무 재배지이다.

기타

카멜리아 체키안고레오사 *Camellia chekiangoleosa* Hu

절강동백나무
Chekiangoleosa Camellia
チェキアンオレオーサシバキ
浙江紅花油茶절강홍화유다, 浙江紅山茶절강홍산다
염색체 수: 2n = 30

중국 남동부의 저장성과 주변 산간 지역의 해발 500~1,300m 일대에 자생하는 동백나무류이다. 수고 약 7m에 이르도록 관목 또는 아교목 형태로 자란다. 잎은 타원형이고 길이 6.7~12.5cm, 폭 2.3~6cm이며 진한 녹색으로 광택이 나는 혁질이다. 12~3월경에 화경 7.7~ 12cm의 선명한 붉은색 꽃이 가지 끝이나 잎겨드랑이에 하나씩 핀다. 꽃잎은 6~8장이며, 열매는 삭과여러 개의 씨방으로 된 열매이고 구형이며 지름이 4~6.5cm이다. 종자의 유지 함유량은 27~34.1%로 매우 높다. 중국에서는 종자에서 기름을 짜기 위해 오래전부터 재배해온 종으로, 이 동백나무 기름은 모발과 피부용 고급 오일로 널리 사용한다.

자생 동백나무와 형태가 비슷하지만 씨방에 털이 전혀 없고, 다른 품종에 비해 상대적으로 잎의 광택이 떨어지는 특징이 있다. 동백나무에 비해 화색이 선명해 신품종을 육성하기 위한 유전자원으로 중요시하는 종이기도 하다.

카멜리아 포레스티*Camellia forrestii* Cohen Stuart

포레스티동백나무
Forrest's Camellia
ホレストシバキ
小花山茶소화산다
염색체 수: 2n = 30

중국 서남부 윈난 지역의 고원지대가 자생지로 알려진 동백나무류로, 수고 1~5m의 관목성이다. 어린 가지에는 부드러운 털이 있으나 자라면서 없어진다. 성숙한 줄기와 가지는 어두운 회색이며 껍질이 떨어진다. 잎은 난형 혹은 좁은 난형이고 길이 3~5cm, 폭 1~2.5cm이며 가장자리에 얕은 톱니가 있다. 잎의 표면은 털이 없으며, 잎자루는 길이 2~4mm이다. 1~2월에 피는 백색 꽃은 화경 1cm 정도의 극소형이고 많은 수술군이 길게 돌출되어 노란 꽃밥이 눈에 띄는, 관상 가치가 매우 우수한 종이다. 꽃은 잎겨드랑이에 1~2송이씩 붙어 피고, 꽃잎은 5~6장이며, 씨방에는 털이 없어 매끈하다.

꽃은 물론 가지를 꺾으면 강한 향기가 나므로 방향성 품종의 동백나무를 육종하는 데 중요한 식물 유전자원으로 알려져 있다. 열매는 삭과이고 난형이며 지름이 1.5~2cm 정도로 작다. 열매의 성숙기는 9~10월경이다. 중국 내 자생지는 윈난성의 쿤밍昆明, 쑹밍嵩明, 루친祿勸, 루라祿豐, 추슝楚雄 등으로 알려져 있다. 자생지는 대부분 해발 1,500~3,000m 일대 사면부의 관목림에 위치한다.

카멜리아 홍콩엔시스 *Camellia Hongkongensis* Seem.

홍콩동백나무
Hong Kong Tea
ホンコンシバキ
香港山茶향항산다
염색체 수: 2n = 30

홍콩의 해발 150~400m 일대 계곡부에 자생하는 동백나무류로, 관목 혹은 아교목이지만 드물게 10m까지 자라는 개체도 있다고 알려졌다. 잎은 긴 타원형이며 길이 4~12.5cm, 폭 2~3.8cm이다. 꽃은 가지 끝에 하나씩 붉은색으로 피고, 화경은 5.2~6.5cm이며, 꽃잎은 6~7장이다. 외관은 자생 동백나무와 매우 유사한 동백나무류이지만, 꽃에 푸른색을 띠는 청색 색소인 델피니딘delphinidin을 다량 함유했다. 이 때문에 검붉은 계통의 동백나무 꽃을 육종하기 위한 유전자원으로 최근 주목받고 있다.

개화기는 12~3월경으로 동백나무와 비슷하며 씨방에 털이 있다. 열매는 삭과이고 찌그러진 구형에 지름은 2~3.5cm이고 과피는 두껍다. 홍콩이 원래의 자생지로 알려졌으나 중국 광둥성 일부 지역과 같은 대륙에서도 생육한다. 내한성이 약해 겨울철 기온이 영하 5℃ 이하로 떨어지면 심각한 저온 피해를 입는다.

카멜리아 임프레시네르비스*Camellia impressinervis* Chang *et* Liang

凹腰金花茶요맥금화다
염색체 수: 2n = 30

중국 광서장족자치구廣西壯族自治區의 남쪽에 있는 룽저우龍州현 일대가 자생지로 알려진 관목 형태의 동백나무류이다. 수고 1.5~4m로 자라고 자생지에서는 드물게 5m까지 성장한 개체도 있다고 보고되었다. 자생지는 해발 100~450m 일대의 석회암 지대 상록활엽수림에서 주로 나타난다.

어린 가지에는 부드러운 갈색 털이 있으나 성숙하면서 없어지고, 수피는 회갈색을 띠며 매끄럽다. 잎은 길이 12.2~22cm, 폭 5~ 8.5cm로 큰 편이며 잎자루는 1cm 정도이고, 엽맥이 깊게 파인 것이 특징이다. 꽃은 선명한 황색으로 가지 끝이나 잎겨드랑이에서 핀다. 화경은 4~5cm이며, 꽃잎은 11~12장이다. 열매는 삭과이고 찌그러진 구형이며, 지름은 약 3cm이다. 추위에 매우 약하므로 겨울철 방한에 유의해야 한다.

카멜리아 이라와디엔시스*Camellia irrawadiensis* P. K. Barua

이리와디동백나무
Irrawaddy Camellia
イラワディシバキ
滇緬茶전면다
염색체 수: 2n = 30

차나무와 유사한 형태의 동백나무류이며, 미얀마의 산악 지대부터 중국 윈난성에 이르기까지 광범위하게 분포한다. 윈난성 남부의 평경風庚현에서는 수고 9m, 흉고 지름 1.7m에 이르고 수령 약 1,000년으로 추정하는 노거수가 발견되었다. 최대 9m까지 자란 개체도 있으나 대부분은 관목 혹은 아교목 형태로 자란다. 잎은 타원형이고 길이 8~15.7cm, 폭 3~6cm이며 잎자루 길이는 5~10mm이다.

꽃은 차나무에 비해 크며, 화경은 4~4.5cm 내외이고 백색으로 핀다. 꽃잎은 7~10장이다. 열매는 지름 3.1~4.3cm의 삭과이고 구형이며 끝이 약간 움푹 들어가 있다. 잎과 꽃이 차나무와 유사하나 잎에서 카페인이 검출되지 않는 점에서 다르다. 꽃은 12~3월에 걸쳐 피며 백색 계통의 동백나무를 육종하기 위한 식물 유전자원으로 흔히 이용한다. 동백나무와 교잡도 잘 이루어진다.

카멜리아 올레이페라*Camellia oleifera* Abel.

기름동백나무
Tea Oil Camellia
コチヤ, アブラシバキ
油茶유다
염색체 수: 2n = 90

중국 중남부 지방에서 타이완에 걸쳐 분포하며, 수고 3~4m의 관목 혹은 아교목 형태로 자라는 동백나무류이다. 어린 가지에는 가는 털이 있으나 자라면서 없어진다. 잎은 광택이 나는 혁질이고 길이 6~10cm, 폭 2.5~3cm이며 가장자리에 작고 얕은 톱니가 있다. 잎자루는 길이 4~6mm로 부드러운 털이 있다. 백색 꽃이 가지 끝에 1~3송이씩 핀다. 개화기9월부터 이듬해 2월는 가을부터 겨울에 걸쳐 매우 길며, 애기동백과 형태가 유사하지만 많은 수술의 기부가 붙어 있는 것이 특징이다. 실제로 애기동백과 교잡이 용이해 다양한 원예 품종이 발표되었다.

꽃잎은 5~6장이고, 수술은 많은 수술군으로 이루어지며 수술대에는 털이 없다. 씨방은 3실이고 부드러운 털이 표면에 밀생한다. 열매는 삭과이고 구형 혹은 타원형에 지름이 4~5cm로 매우 크다. 예로부터 중국에서는 이 동백나무의 종자에서 기름을 짜 귀하게 이용했다. 열매의 성숙기는 8~9월이다. 중국 양쯔 강 이남의 해발 1,800m 이하 각 지역에 흔히 자생하지만, 대표적 자생지로는 윈난성의 원산文山, 장허紅河, 쿤밍, 추슝 등이다.

카멜리아 피타르디*Camellia pitardii* Cohen Stuart

피타르디동백나무
Pitardii Camellia
ピタールシバキ
西南山茶서남산다
염색체 수: 2n = 30

중국 서남부의 구이저우성을 중심으로 쓰촨성, 광시장족자치구와 윈난성 등 일부 지역에 드물게 자생하는 동백나무류이다. 수고 7m 정도의 아교목으로 자라지만 환경 조건에 따라 관목형으로 자라기도 한다. 어린 가지는 털이 없이 매끈하게 자란다. 잎은 타원형 혹은 긴 타원형으로 길이 4.5~10cm, 폭 1.8~3.5cm이며 가장자리에 얕고 가는 톱니가 있다. 잎의 표면은 털이 없이 광택이 나며, 잎자루는 길이가 4~6mm이다. 꽃은 가지 끝에 하나씩 피고 화형은 홑꽃이며, 개화기는 12월부터 이듬해 4월까지로 긴 편이다. 화경은 5~6cm이며 꽃잎은 5~6장이 보통이다. 많은 수술이 수술군을 이루며 기부의 1/2~1/3이 붙어 있는 통형이다. 자생 동백나무와 형태가 비슷하지만 씨방에 부드러운 털이 밀생하는 특징이 있다. 화색은 분홍색을 비롯해 백색에 이르기까지 자연변이가 다양하게 나타난다. 열매는 삭과이고 찌그러진 구형에 지름이 약 5cm 정도이며 열매의 성숙기는 9~10월이다.

중국에서는 해발 1,000~2,800m 일대의 사면이나 계곡부의 가장자리에 주로 자생한다. 일반인에게는 아직 알려지지 않은 동백나무종으로, 향후 재배종으로서 활용성은 물론 식물 유전자원으로도 이용 가치가 높다.

카멜리아 로사에플로라*Camellia rosaeflora* Hook

로즈동백나무
Rose Flower Camellia
ローズシバキ
玫瑰蓮蕊茶매괴련예다
염색체 수: 2n = 90

중국 장쑤성, 저장성, 쓰촨성, 후베이성 등이 원산지로 수고 1m 정도의 관목으로 자라는 동백나무류이다. 1~3월경에 화경 3cm 내외로 분홍색의 작은 꽃이 피며 향기가 난다. 꽃잎은 6~9장이고 꽃가루도 붉은색을 띤다. 잎은 타원형이고 길이 4.5~8cm, 폭 2~2.5cm이다. 수형이 단아하고 꽃이 작으며 화색이 특이해 청초한 분위기를 자아내는 종으로, 1850년에 중국 특산종으로 영국에 소개되기도 했다. 아직까지 유럽에서 인기를 얻고 있으며, 동백나무와 교잡을 통해 다양한 원예 품종도 선보였다.

카멜리아 살루에넨시스*Camellia saluenensis* Stapf ex Bean

살루에넨시스동백나무
Saluenensis Camellia
サルエネンシバキ
怒江山茶노강산다
염색체 수: 2n = 30

중국 윈난성 중부와 북서부에 자생하는 수고 1~4m의 관목성 동백나무류이다. 다른 동백나무류에 비해 맹아력이 좋고 잔가지가 잘 발달하며 어느 정도 내한성이 있는 것으로 알려졌다. 어린 가지에는 가는 털이 있으나 자라면서 없어진다.

잎은 긴 타원형이며 길이 2.5~ 5.5cm, 폭 1~2.5cm이고 가장자리에 가는 톱니가 조밀하게 발달한다. 잎의 표면에는 털이 없으나 뒷면의 엽맥에 길고 부드러운 털이 있다. 잎자루는 길이 3~5mm이며 털이 없이 매끈하다.

2~4월경의 이른 봄 가지 끝에 화경 4~10cm의 꽃이 하나씩 핀다. 꽃잎은 6~7장이고 수술은 서로 붙어 통형을 이룬다. 씨방은 3실이며 부드러운 털이 밀생한다. 열매는 구형에 지름 2~2.5cm로 다른 동백나무 열매에 비해 작은 편이며, 열매의 성숙기는 8~9월경이다.

꽃의 형태는 자생 동백나무와 비슷하지만 통형에서 평면형으로 다양하게 피고 씨방에 털이 있으며 화색은 흰색 혹은 분홍색에 진한 붉은색 얼룩이 진 듯한 개체도 나타난다. 동백나무와의 교잡을 통한 원예 품종이 많이 발표되었다.

카멜리아 세미세라타*Camellia semiserrata* Chi.

廣寧紅花油茶광령홍화유다, 南山茶남산다
염색체 수: 2n = 30

중국 남부의 광둥성, 광시성 지역의 해발 250~500m 일대가 자생지인 동백나무류이다. 자생지에서 수고 15m에 이르도록 아교목 혹은 교목으로 자라며, 성질이 강건하고 꽃이 아름다워 관상수로 흔히 재배한다. 1~3월경에 화경 8~10.5cm의 진한 붉은색 꽃이 피고, 꽃잎은 8~11장이다. 꽃의 중앙에 있는 수술의 꽃밥이 진한 황색으로 두드러져 독특한 관상 가치를 지닌다.

잎은 타원형 혹은 도란형이고 길이 약 9.8~18.2cm, 폭 3.1~8.3cm로 다른 종에 비해 잎 크기가 크고 잎맥이 뚜렷한 것이 특징이다. 열매는 약간 찌그러진 구형이고 지름 4~7cm, 길이 6~8cm이다.

중국 남부 지방에서는 이 동백나무의 종자에서 기름을 짜 이용하는데, 종자의 유지 함유량은 20.5~29.4%에 이른다. 꽃이 백색으로 피는 카멜리아 세미세라타*C. semiserrata* var. *albiflora* 변종으로도 알려져 있다.

카멜리아 탈리엔시스*Camellia taliensis* Metch.

대리동백나무
Tali Camellia
タリシバキ
大理茶대리다
염색체 수: 2n = 30

중국 서남부 구이저우성과 윈난성의 해발 1,300~2,700m 일대에 자생하며 백색 꽃이 10~12월경에 화경 5~6cm로 피는 동백나무류이다. 꽃잎은 7~11장이고 수술은 선명한 황색이며 씨방에 흰 털이 있다. 자생지에서는 수고 8m에 이르며 관목 혹은 아교목으로 자란다. 잎은 타원형 또는 도란상 타원형이고 길이 8.5~15.5cm, 폭 3~6.5cm이다. 열매는 지름 4.5~5.0cm이며 5개의 실로 나뉘어 있고 과피의 두께는 2mm 정도이다.

카멜리아 이라와디엔시스*C. irrawadiensis*와 가까운 종으로 알려져 있다. 최근에 소개된 종으로, 백색 꽃 육종을 위한 식물 유전자원으로 높은 활용성을 지니고 있다.

카멜리아 베트남엔시스*Camellia vietnamensis* T.C. Hung

월남동백나무
Vietnam Camellia
ベトナムシバキ
越南油茶월남유다
염색체 수: 2n = 90

베트남 원산의 동백나무류로 알려졌으나 정확하지 않으며, 중국 남부의 하이난다오海南島, 광둥성과 광시장족자치구 일대에서 오래전부터 기름을 짜기 위해 재배하고 있다. 종자의 유지 함유량은 20.5~31.6%로 알려져 있다. 자생지에서는 해발 200~500m 일대의 숲에서 수고 10m에 이르는 아교목으로 자란다.

카멜리아 올레이페라*C. oleifera*와 분류학적으로 가까운 종으로 보이나, 상대적으로 꽃과 잎이 크다. 잎은 타원형 혹은 난원형이고 길이 5.4~13.1cm, 폭 2.7~6.7cm이다. 11~1월경에 화경 약 12cm의 백색 꽃이 피는데, 강한 향기가 나는 것이 특징이다. 꽃잎은 8~10장이고 씨방에 털이 있다. 열매는 삭과이고 둥근 구형에 길이가 2.5~ 6cm이다. 최근에 알려진 종이지만 방향성의 동백나무 품종을 육종하기 위한 식물 유전자원으로서 가치가 높다. 내병성이 뛰어나고 성질이 강건해 인공 재배가 용이하지만, 내한성이 약해 영하 6℃ 정도의 저온에서 심각한 피해를 입는다.

카멜리아 위시에넨시스*Camellia yuhsienensis* Hu

攸县油茶유현유다
염색체 수: 2n = 45, 75, 90

중국 후난성 해발 100~1,300m 일대에 자생하며 카멜리아 올레이페라 *C. oleifera*와 비슷하다. 11~1월경에 지름 5~7cm의 흰 꽃이 가지 끝 혹은 잎겨드랑이에서 피며 꽃잎은 7~11장이다. 열매는 둥근 달걀형이며 길이 1.8~2.5cm, 지름 1.6~2.4cm이다. 종자의 유지 함유량은 38.31~44.48%로 양호한 편이다. 높이 3m 정도의 관목 혹은 소교목 형태로 자란다.

중국 현지에서는 기름을 얻기 위해 흔히 재배하는 품종이다. 꽃에서 좋은 향기가 나기 때문에 방향성 동백나무 품종을 육종하기 위한 교배종으로 많이 이용한다. 자생 동백나무 또는 애기동백나무와 교잡이 잘 이루어져 몇 종의 방향성 품종을 선보이기도 했다. 수피는 어두운 회색이고 광택이 난다.

카멜리아 윈난엔시스Camellia yunnanensis Cohen Stuart

윈난동백나무
Yunnan Camellia
ウインナンシバキ
猴子木후자목, 五柱滇山茶오주전산다
염색체 수: 2n = 30

중국 서남부 윈난 지역이 자생지인 동백나무이며, 원시적 동백나무 계통으로 알려져 있다. 자생지에서 수고 1~4m의 관목 혹은 아교목으로 자란다. 어린 가지에는 가는 털이 있으나 자라면서 없어지고 매끈하게 광택이 난다. 줄기는 황갈색을 띠며 자라면서 껍질이 벗겨진다. 잎은 타원형이고 길이 4~6cm, 폭 2~3cm이며 가장자리에는 얕고 가는 톱니가 있다. 잎의 표면에는 털이 없으나 길이 5mm 정도의 잎자루에는 부드러운 털이 있다. 이 털은 대부분 자라면서 없어지지만 성목이 되어도 남아 있는 개체가 있다. 현지에서는 어린잎을 차로 이용한다.

꽃은 12~3월에 가지 끝의 잎겨드랑이에 하나씩 백색으로 피며, 화경은 6~7cm이고 강한 향기가 나는 것이 특징이다. 꽃잎은 10~12장이고 수술은 많으며 하부 2mm 정도가 서로 붙어 있다. 씨방은 털이 없고 4~5실이다. 열매는 찌그러진 구형에 지름 4~6cm이며 9~10월에 성숙한다. 방향성이 높은 종이므로 다른 동백나무종과 교배해 방향성 품종을 육종하는 데 주로 이용한다. 중국 윈난성이 주요 자생지이지만 쓰촨성과 구이저우성에도 분포하는 것으로 알려져 있다. 자생지는 해발 2,000~2,600m 일대의 잡목림이다.

5

동백나무의 재배

정원수로 재배하는 법

재배 적지의 선정

동백나무를 정원수로 재배하는 토양은 무엇보다 원활한 배수성과 통기성이 중요하다. 이를 위해 부엽과 퇴비를 충분히 혼합한 밭 흙에서 재배하는 것이 가장 적합하다. 밭 흙은 점토질이 적고 입자가 굵은 마사질토 함량이 많은 토양이 좋은데, 최적의 조건을 갖춘 것은 pH 5~6의 산성 토양이다. 동백나무 뿌리는 신선한 공기를 좋아하기 때문에 물이 고이지 않도록 약간 높게 식재해야 한다. 또 장마철같이 공중 습도가 높은 계절에는 물을 너무 자주 주지 않도록 주의한다. 동백나무는 과습過濕에는 약하지만 건조한 토양에서는 잘 견디는 성질이 있다.

동백나무는 지면보다 약간 높게 심는 것이 좋다.

채광 조건은 하루 종일 햇볕이 드는 양지보다 오전에는 햇볕이 충분히 비치고 오후에는 적당히 그늘 지는 장소

노지 정원에서 재배할 동백나무 고르기

채광 조건	잎 크기(cm)	잎 폭(cm)	잎 상태	신초 길이(cm)	생장 상태
반그늘	10~21.5	3.5~8.5	진한 녹색으로 광택이 남	7~26	매우 좋음
강한 양지	7.5~12.5	2.5~6.5	노란빛이 돌고 윤기가 없음	5~20	불량

표 3 식재 장소의 채광 조건에 따른 크리산타동백*Camellia chrysantha*의 생장 차이_Feng 등1986년의 연구 결과 정리

가 적합하다. 대부분의 동백나무류는 햇볕이 강하게 내리쬐는 장소에서는 잎이 누렇게 변하고 생육도 느리다. 수고가 높은 교목과 어우러지게 식재하거나 담장이나 구조물, 건물 등을 이용한 반그늘에서 재배하는 것이 좋다. 반면 일부 애기동백은 양지를 선호하는 것으로 알려져 있다.

표 3을 보면 중국 윈난성이 원산지인 크리산타동백의 채광 조건에 따른 생장 차이를 연구한 결과로 알 수 있다.

이식

이식은 지온地溫이 어느 정도 상승하고 공중 습도가 적당히 유지되는 시기에 하는 것이 좋다. 봄철에는 3월 중순부터 4월 중순, 가을철에는 9월 중순부터 10월 중순경에 가능하다. 그러나 일반적으로는 6월 하순경의 장마철에 이식하는 것이 바람직하다. 이 시기에는 봄철에 발달한 신초新梢, 햇가지가 가장 활발히 생장하며 잎과 줄기도 적당히 굳어진 상태이기 때문이다.

차광망을 친 동백나무

큰 성목을 이식하는 경우에는 지온이 충분히 유지되고 공중 습도가 높아 뿌리의 활착이 빠른 장마철이 가장 안전한데, 이때 나무에 차광 작업을 확실히 해야 한다. 가을철에 이식한 경우에도 오후의 직사광선과 차고 건조한 바람을 차단하기 위해 차광망을 한 겹 정도 둘러 치는 것이 좋다.

동백나무의 이식은 시기를 맞추는 것도 중요하지만, 식재 작업을 하는 당일의 기상 조건이 뿌리 활착에 영향을 끼친다. 가장 이상적인 기상은 비 온 다음 날이나, 흐리고 바람이 없는 날이다.

주차장 경계 식재로 관리한 동백나무

이식할 때는 미리 긴 뿌리를 짧게 잘라주면 활착 과정에서 세근이 발달하는 데 도움이 된다. 정원이나 화단에 심는 묘목을 선별할 때도 두세 차례 정기 이식 혹은 뿌리 돌림 과정을 거쳐 세근이 잘 발달한 개체를 고르는 것이 좋다. 또 잎에서 광택이 나고, 줄기가 굵으며 마디가 고르고 짧아

탄탄하게 자란 묘목이 이식한 후에도 잘 자란다.

흉고 지름 5cm 이상 또는 수고 3m 이상의 성목으로 자란 동백나무를 이식할 때는 반드시 뿌리가 상하지 않도록 뿌리분을 만든 후 굴취掘取해야 한다. 동백나무는 특별히 이식하기 어려운 종은 아니지만 적절한 대책 없이는 이식에 실패하는 경우가 많다.

이식하려는 개체는 1~2년 전에 미리 뿌리 돌림을 해두는 것이 바람직하다. 동백나무의 뿌리 돌림은 뿌리분을 뜨는 과정에서 땅을 파고 굵은 뿌리를 잘라 세근이 잘 자라도록 만들어주는 것으로, 3~4월경에 하는 것이 적당하다. 너무 과다한 뿌리 돌림은 수세樹勢: 나무가 자라나는 기세나 상태를 약화시켜 병충해가 발생할 우려가 있다. 뿌리분을 뜨는 과정에서 잘린 지하부 뿌리와 균형을 맞추기 위해 지상부의 가지를 충분히 쳐주어야 한다.

굴취한 나무를 운반하는 과정에서 뿌리분이 깨지지 않도록 해야 이식한 후 활착이 잘된다. 또 굴취한 나무의 뿌리가 상하거나 마르지 않도록 최대한 빨리 식재 작업을 끝내는 것이 바람직하다. 식재하기 위한 구덩이는 뿌리분 크기의 1.5~2배로 여유 있게 파서 원활한 근계 발달과 활착이 이루어지도록 한다. 파낸 구덩이의 밑부분에 기비基肥, 밑거름로 완효성緩效性: 효력이 느리게 나타나는 성질 유기질 비료, 피트모스 peatmoss, 부엽 등을 파낸 표토와 1:1 혹은 1:1.5의 비율로 혼합해 깔아준다. 이때 배수가 원활하지 못한 곳이라면 펄라이트, 자갈 등을 밑에 넣는다. 그 위에 다시 표토를 적당량 덮어 기비와 동백나무의 뿌리가 직접 닿지 않도록 조치해야 한다.

상처 난 식물의 뿌리가 비료에 직접 닿으면 삼투압 작용으로 식물체의 수분이 빠져나가거나 병균에 감염될 수 있다. 따라서 동백나무의 뿌리분이 상하지 않도록 구덩이에 잘 앉히되 너무 깊이 심지 않는다. 동백나무 뿌리는 통기를 좋아하므로 지면보다 약간 위에 식재해야 한다. 너무 깊이 심은 뿌리는 호흡이 좋지 않고 수분이 정체되어 썩거나 새 뿌리가 잘 자라지 않는다. 또 원래 재배지에서 동백나무가 자리 잡은 방향으로 식재하는 것이 가장 이상적이지만, 관상 가치를 고려해 방향을 바꾸기도 한다. 식재 구덩이에 흙을 채울 때에는 표토

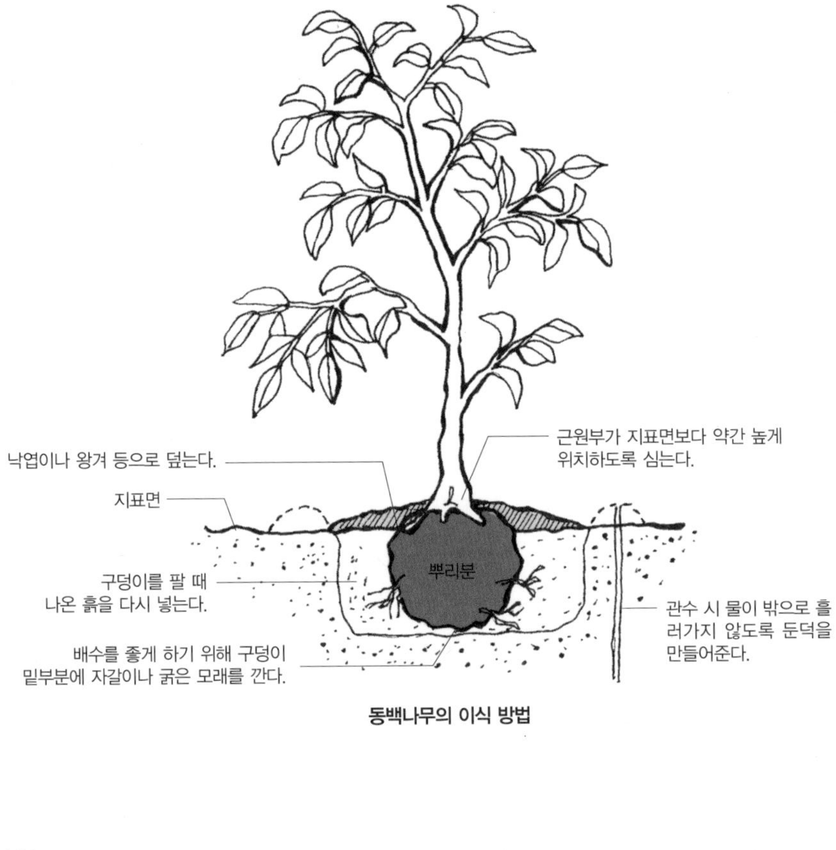

동백나무의 이식 방법

부터 먼저 넣으며, 뿌리분의 1/2~1/3 깊이에서 1차로 충분히 물을 주어 흙이 골고루 들어갈 수 있도록 물 조임water binding을 한다. 그런 다음 토양을 잘 덮고 가볍게 밟아 골고루 흙을 채운다. 어린 묘목을 식재했을 때에는 살포시 들어 올리는 기분으로 묘목을 잡고 주변부를 잘 다진다. 큰 나무를 이식했을 때에는 지주목을 세우는 것이 안전하다. 마지막으로 충분히 관수灌水해 뿌리 사이사이로 토양이 잘 들어갈 수 있도록 다시 한 번 물 조임을 한다. 그러나 이후에는 물을 너무 자주 주면 과습으로 썩을 수 있으니 주의한다. 이듬해부터는 개화가 끝난 3월경에 충분히 발효된 계분 같은 유기질 비료를 나무 주위에 추비追肥, 웃거름로 추가해준다.

정지와 전정

꽃이 대부분 떨어지고 새로운 눈이 발달하는 3~4월경에 적당히 수형을 잡아주어야 한다. 전정剪定, 가지치기 시기가 너무 늦으면 절단 부위에서 수액이 계속 흘러나와 나무가 쇠약해진다. 동백나무는 세심한 정지整枝 작업 없이도 어느 정도 수형을 유지하므로 도장지徒長枝, 웃자란 가지

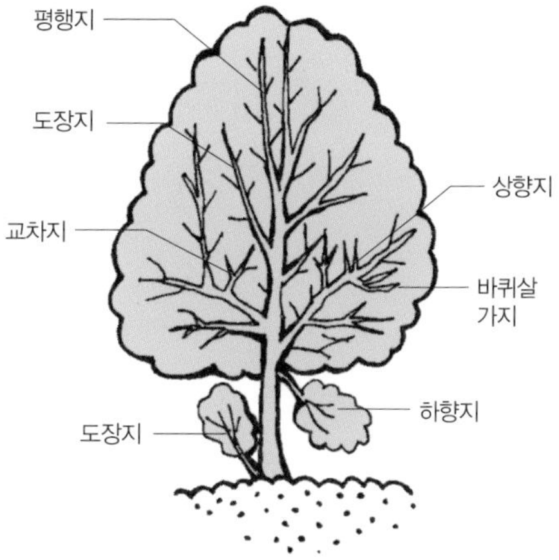

건강한 생장과 수형을 위해 제거해야 할 가지

지피식물로 이용한 동백나무

그릇된 정지로 개화 상태가 불량한 동백나무

나 수형을 불량하게 만드는 상향지, 하향지, 바퀴살 가지 등을 잘라주는 정도의 단순한 정지 · 전정 작업으로 충분하다. 그러나 생육이 왕성한 동백나무는 새로운 수형을 잡기 위한 강强전정 작업도 필요하다. 나무에 큰 영향을 끼치는 강전정 작업 시기는 2월경이 좋으며 2~3년에 한 번 정도 하는 것이 안전하다. 동백나무는 맹아력이 아주 뛰어난 편은 아니지만, 전정 작업을 거치면 대부분 부정아不定芽: 보통은 눈이 생기지 않는 자리에 생기는 싹가 발생해 새로운 가지를 만들어낸다.

생육이 왕성한 여름철7~8월이 되면 개화와 전혀 관계없는 눈이 발달하기도 한다. 이 같은 눈은 대개 나무가 어떤 자극을 받았을 때 생기는데, 꽃도 피지 않고 수형을 불량하게 만들므로 10월경에 한꺼번에 눈을 제거하는 작업을 하면 좋다. 정지 작업은 줄기나 가지의 부피가 자라도록 유도하고, 잔가지가 많이 발생하도록 해 다양한 수형을 만드는 데 도움이 된다. 그 외에도 나무의 생장을 양호하게 하고 병충해를 방제하며 개화 시기를 조절하는 효과도 있다.

수령이 어린 동백나무는 다른 상록활엽성 목본류와 마찬가지로 수형이 제대로 잡히지 않다가 성장과 더불어 잔가지가 밀생하며 어느 정도 자연 수형을 형성한다. 그러므로 수령이 어린 나무는 전정 작업을 가볍게 하는 것이 원칙이다. 성장 과정을 보며 수형을 크게 해치는 가지를 조금씩 제거하고 수고를 조절하거나 특수한 수형을 만들기 위해 적절한 방법을 모색한다.

작업 도구를 통해 식물 바이러스나 세균 등에 감염될 수 있으므로 전정하는 데 사용하는 전정가위, 톱, 칼 등은 알코올 등으로 소독해 늘 청결한 상태를 유지해야 한다. 절단 부위를 통해 수분이 증발하거나 병충해의 피해를 볼 수 있으니 이를 방지하려면 해당 부위에 발코트Bal coat 같은 상처 보호제를 도포해 소독한다.

아름다운 꽃을 주로 관상하는 동백나무의 개화 상태를 좋게 하기 위해 원하는 부위의 꽃눈을 남기고 나머지를 제거하는 꽃눈 따기 작업도 중요하다. 1차 영양생장이 끝난 8~9월경에 불필요한 꽃눈을 제거하면 남아 있는 꽃눈의 발육이 양호하며 동백나무의 영양생장 상태도 좋아진다. 그러나 유전적으로 꽃눈 발달이 왕성하지 않은 운남동백이나 기타 품종은 이러한 작업이 필요하지 않다. 또 급작스러운 기상 변화나 식물체의 훼손에 의해 꽃눈이 자연스레 퇴화한 경우도 무리하게 꽃눈 따기 작업을 할 필요가 없다.

적절한 정지와 전정으로 개화와 수형을 조절할 수 있다.

화분에서 재배하는 법

묘목의 선정

동백나무를 분재나 화분으로 재배하면 다양한 형질의 품종을 가까이에서 감상할 수 있는 것이 장점이다. 또 겨울철 기온이 낮은 내륙이나 중부 지방에서도 동백나무를 재배할 수 있다. 동백나무는 다른 목본성 수목류에 비해 제한된 공간의 화분에서도 재배가 잘되며, 어린 수령에서도 개화가 가능하다. 특히 내한성이 상대적으로 약한 크리산타 동백을 비롯한 아열대성 품종도 실내 관리가 가능하므로 쉽게 재배할 수 있다.

접목묘왼쪽**와 삼목묘**오른쪽**의 생장 차이**

화분에 재배하는 동백나무는 삽목묘에 비해 접목묘가 뿌리가 튼튼하고 품종의 형질이 명확하게 나타난다. 그러나 삽목묘가 상대적으로 값이 싸고 대량 번식이 가능하기 때문에 시중에는 수고 20cm 정도로 자란 삽목 2년생 묘목이 흔히 유통되고 있다.

묘목은 썩은 뿌리가 없고 세근이 잘

발달한 개체가 적합한데, 꽃눈이 너무 많이 달린 개체는 식물체가 쇠약해졌거나 스트레스를 받았을 가능성이 높다. 보통 작은 가지에서 잎 5~7장당 하나의 꽃눈이 발달하면 적당하다. 꽃눈 이상으로 꽃 옆에 붙는 잎눈葉芽의 생장 상태도 중요하다. 꽃이 진 후에 잎눈이 생장해 이듬해 꽃눈을 형성하므로 잎눈이 충실한 개체가 좋다. 또 잎 색이 노랗게 변했거나 너무 진해 질소 과다 징후가 있는 것은 피한다.

접목묘는 접목 부위가 캘러스callus: 식물체에 상처가 났을 때 생기는 조직를 형성해 잘 아문 흔적이 있는 개체로, 잎이나 줄기 등에 병충해 흔적이 없는 것이 좋다. 동백나무는 많은 품종을 육성한 탓에 품종명이 혼란스러운 경우가 많으므로 품종명을 명확하게 표기한 명찰이 붙어 있는지 확인한다.

동백나무 분재

화분 식재와 관리

동백나무를 재배하기 위한 용토는 무엇보다 통기성이 중요하다. 동백나무 뿌리는 다른 수종에 비해 호기성이므로 지하부에 충분한 산소가 필요하다. 재배 과정에서 지하부의 산소가 부족해 뿌리가 질식사하는 사례가 종종 발생한다. 그러므로 통기성과 보습성을 지니며 재배 과정에서 토양 입자가 잘게 부스러지지 않는 토양을 선택한다. 예를 들어 버미큘라이트vermiculite를 과다하게 혼합한 토양은 초기에는 통기성과 보습성 모두 훌륭하지만 시간이 경과하면서 버미큘라이트 입자가 부스러지면서 통기성이 나빠지는 경향이 있다. 가장 이상적인 토양은 입단화粒團化, aggregation되어 통기성과 보습성이 좋은, 동백나무가 자생하는 지역의 토양이지만 현실적으로 도시에서 이 같은 토양을 구하기란 쉽지 않다. 따라서 인위적으로 화분 용토를 조제해 사용해야 하는데, 이때 입자가 큰 마사토가 많이 들어 있는 사질 양토에 잘 발효된 부엽을 충분히 혼합해 사용하는 것이 좋다. 마사토 대신 펄라이트를 사용하기도 한다.

부엽을 충분히 혼합한 토양은 보통 pH 5~6의 약산성을 띤다. 동백나무는 약산성 토양을 좋아하므로 이 정도 산도를 유지하도록 관리하는 것이 중요하다. 화분에서 재배하는 동백나무는 2~3년 주기로 화분 갈이를 해야 하며, 화분은 나무 크기에 비해 조금 큰 것을 선택하는 것이 여러모로 좋다.

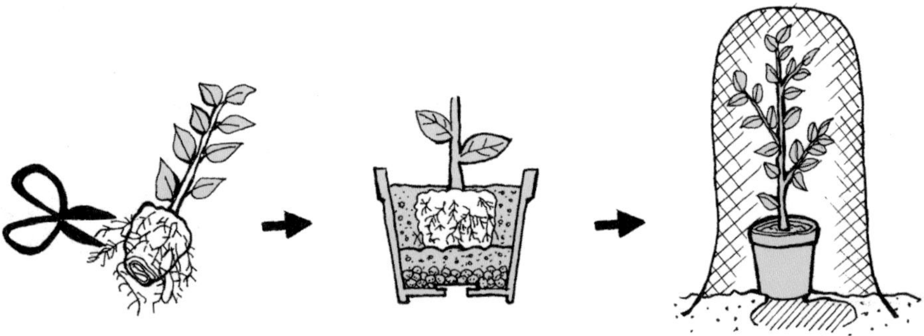

단단하게 뒤엉킨 뿌리를 풀어주고 너무 긴 뿌리는 잘라준다

화분은 너무 크지 않은 것이 좋고, 화분 밑에 배수층을 만들어준다.

화분 갈이를 한 동백나무 화분은 적당한 그늘을 만들어준다.

동백나무의 화분 식재 방법

화분에 식재하는 시기는 정원에 식재하는 시기와 마찬가지로 3~4월, 6월 하순 이후의 장마철, 9월 중순~10월 중순경이 적당하다. 겨울철 기온이 매우 낮게 떨어지는 추운 지역이라면 8~9월에 심는 것이 좋다. 화분에 나무를 심기 전에 지상부를 적당히 전정해야 하고, 옮겨 심은 동백나무는 2~3주 그늘에서 관리하는 것이 안전하다. 이때 물을 충분히 주어야 하지만 너무 잦으면 뿌리가 쉽게 썩는다.

동백나무 화분에 시비거름 주기를 할 때에는 유기질 완효성 비료를 표토에 얹어주는 것이 좋다. 동백나무는 다비성거름을 많이 필요로 하는 성질 식물이 아니므로 관수와 더불어 비료 성분이 서서히 화분에 스며들도록 조치한다.

화분 재배를 위해서는 통기성이 좋은 토분을 사용해야 하지만, 토분은 쉽게 깨지고 물을 주면 무거워 관리하기가 부담스러운 단점이 있다. 또 공중 습도가 높으면 화분에 이끼가 끼기도 한다. 재배 토양의 통기성이 좋을 때는 장식분이나 플라스틱 재질의 화분을 사용해도 무방하다.

동백나무 화분의 자동 관수 장치

동백나무 화분의 재배 장소는 오전 중 2~3시간 햇볕이 들고 오후에는 반그늘이 유지되는 곳이 적당하다. 정원수나 구조물을 이용해 자연스럽게 반그늘이 지는 장소에서 재배해도 좋다. 햇볕이 강하게 드는 장소에서는 잎이 노랗게 변하거나 생장이 지연될 수 있고, 화분의 수분이 빨리 말라버리므로 관수에 신경 써야 한다. 적당한 높이의 재배상을 설치해 그 위에 화분을 올려두면 개미, 달팽이 등의 피해를 줄이고 관수할 때 흙이 튀는 것도 방지할 수 있다.

수형과 화아 형성

화분에 식재한 동백나무는 2년 정도 경과하면 개화주에 이를 만큼 생장한다. 이 무렵 좁은 화분의 생육 공간에 어울리는 수형을 만들기 위한 정지 작업이 필요하다. 화분 재배에서는 식물체가 너무 빨리 자라는 것도 바람직하지 않으므로 항상 생육을 적절히 억제해줄 필요가 있다. 그러므로 알루미늄 또는 구리철사를 이용해 분재와 같이 수형을 잡아주거나 정지 · 전정 작업을 함으로써 생장을 억제할 수 있다. 정지 작업은 꽃이 떨어진 직후인 3월 하순경에 실시한다. 전정 부위는 올해 꽃이 핀 가지의 밑부분이다. 이 과정에서 가지 밑부분에 숨어 있던 눈潛芽이 발달해 2~3개의 새로운 눈을 형성한다. 또 여름철 왕성한 생육이 일단락된 9월경에 원하는 수형으로 강전정할 수도 있다.

동백나무의 꽃눈은 새로운 1년생 가지에 잎이 5장 내외로 발달하면 영양생장을 멈추고 화아 분화를 시작해 가지 끝에 꽃봉오리를 형성한다. 보통 5~6월경에 해당하는데, 이 시기에는 화분 용토가 약간 마를 정도로 관수량을 줄여야 한다. 관수량이 너무 많으면 화아 분화가 잘 안 되거나 식물체가 도장해 쇠약해진다. 보통 9월경에는 꽃봉오리가 눈에 띄게 발달해 이듬해 봄의 개화를 준비한다.

동백나무의 개화 시기를 앞당기기 위해 식물 생장 조절 물질plant growth substance을 사용하는 경우도 종종 있다. 가장 널리 알려진 물질은 지베렐린GA, gibberellin으로 튤립, 백합, 철쭉류 등의 개화를 촉진하는 데 이용한다. 보통 1~2% 용액을 9월경에 꽃눈에 주면 품종에 따라 1~3개월을 전후해 개화가 진행된다. 또 화분에서 재배하는 동백나무에 벤질아미노퓨린BA, 6-Benzylaminopurine 100~400ppm을 비롯해 파클로부트라졸paclobutrazol 250~1,000ppm을 3월 하순경에 잎에 뿌리면 이듬해에 개화기가 약간 앞당겨지고 꽃봉오리가 많이 형성된다는 연구 결과가 있다. 또 동백나무에 대해 말레산하이드라지드MH, maleic hydrazide 1,000~4,000ppm, 안시미돌ancymidol 200ppm, 디케굴락dikegulac 4,000ppm을 투여하면 동백나무의 신초 생장을 억제해 키를 작게 한다는 연구 결과도 보고되었다.

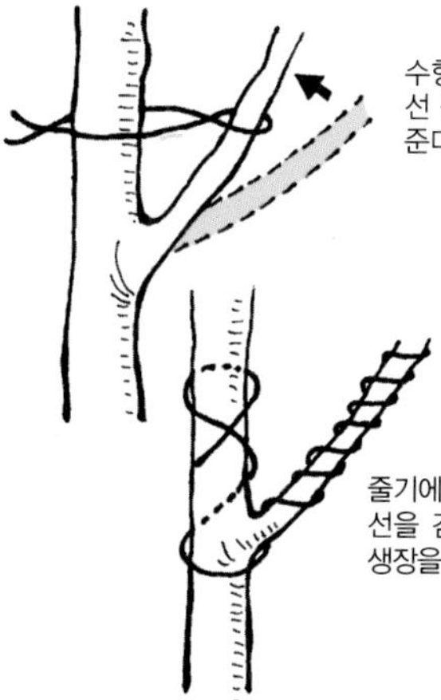

수형을 잡기 위한 알루미늄·구리선 감기

무엇보다 동백나무의 수형을 유지하는 일과는 별개로 나무를 항상 청결하게 관리하는 것이 중요하다. 병충해 혹은 훼손으로 말라버린 가지는 미리 제거해야 식물체의 건조나 병충해의 침입을 막을 수 있다. 또 꽃이 핀 후 시든 꽃송이나 누렇게 변한 잎은 바로바로 따주는 것이 좋다.

병충해 관리

공원 가장자리에 식재한 동백나무

동백나무는 우리나라의 기후와 풍토에 잘 적응한 식물로, 의외로 치명적 병충해 피해가 거의 없다. 적절한 채광 조건, 배수성 좋은 토양, 알맞은 공중 습도를 유지하고 적당한 관수와 시비 관리를 잘하면 건전한 동백나무를 볼 수 있다. 일부 재배 품종을 제외하면 야생 상태의 동백나무는 대부분 농약을 사용하지 않아도 병충해가 거의 문제 되지 않을 정도로 강하다. 그러나 예기치 않은 기상 변화와 공해, 식물체의 물리적 손상 등으로 병충해에 대한 식물체의 저항력이 약해졌을 때는 큰 피해를 입기도 한다. 그러므로 평상시에 알맞은 환경에서 튼튼한 수세를 유지할 수 있도록 잘 관리해야 한다.

동백나무는 꽃의 관상 가치가 중요하므로 병충해 예방은 물론 피해 발생 시 즉각적으로 방제 대책이 필요하다. 가장 널리 이용하는 방법은 농약을 살포하는 것이지만, 이 경우 살포한 뒤 잎의 변색, 낙엽 현상, 나무의 생육 저해 또는 고사 같은 약해藥害가 발생할 수도 있으므로 주의한다. 특히 유기인제인을 함유한 유기 화합물 중 살충제로 쓰는 약제의 살충제와 유기 비소제 살균제를 살포할 때 약해 발생이 흔히 나타난다.

다양한 높이로 식재한 동백나무

산울타리로 식재한 동백나무

동백나무 병해

잿빛잎마름병灰色葉枯病, Pestalotiopsis leaf blight of camellia

동백나무에서 흔히 발생하는 잿빛잎마름병은 바람이 많이 부는 바닷가나 개활지에서 자라는 나무에 많이 나타나는 식물병이다.

병원균은 곰팡이의 한 종류인 불완전 균류로 *Pestalotiopsis guepini*가 원인균이다. 잎과 어린 열매에서 발생하는데, 주로 잎의 끝부분이나 가장자리에서 병징病徵이 많이 나타난다. 초기에는 잎 조직이 암갈색을 띠다가 점차 회갈색으로 마르면서 결국은 회백색을 띠고 벌레가 갉아 먹은 것처럼 보인다. 병반病斑의 모양은 일정하지 않으나 크기가 점차 커지는 경향이 있다. 병원균은 병든 조직에서 분생포자分生胞子 혹은 균사 상태로 월동한다. 월동한 분생포자는 봄철 동백나무의 상처를 통해 주로 감염, 침입한다. 감염 조직에서 증식한 분생포자는 빗물이나 바람에 의해 2차 감염을 일으키기도 한다.

따라서 바람이나 곤충, 사람 등에 의해 식물체가 물리적 상처를 입지 않도록 예방하는 것이 중요하다. 병에 감염된 식물체는 조기에 제거해야 한다.

탄저병炭疽病, Camellia anthracnose

고온 다습하고 통풍과 채광이 불량한 환경 조건에서 주로 나타나는 식물병이다. 병원균은 곰팡이의 한 종류인 자낭균류로 *Glomerella cingulata*가 원인균이다. 잎이나 열매, 어린 가지에서 많이 볼 수 있다. 잎의 선단부와 가장자리에 주로 발병하며, 지름 10~20mm의 원형 또는 타원형 큰 병반이 나타난다. 발병 초기의 병반은 갈색이나 적갈색을 띠다가 점차 회색으로 변하면서 병반 부위가 마르고 잎이 뒤틀린다. 열매에 감염되면 진한 흑갈색 병반이 생기면서 열매의 발육이 멈추고 종자가 성숙하지 않는다. 병반 부위에서 월동한 병원균은 봄철에 포자를 방출해 바람, 빗물, 곤충 등을 통해 전파된다.

이 병이 발생한 경우에는 나무에 남아 있는 병든 기관을 곧바로 제거해 병원균의 전파를 막아야 한다. 또 나무의 통풍과 채광을 위해 주변을 잘 정리하고 지하부 배수를 확보한다. 습기가 많은 6~9월경에는 만코지Mancozeb 수화제다이센 엠-45 500배 액, 베노밀Benomyl 수화제벤레이트 1,000배 액, 지오판Thiophanate 수화제 1,000배 액 등의 살균제를 살포한다.

백조병白藻病, Algal leaf spot of camellia

동백나무의 백조병

여름철 기온이 높고 비가 많이 오는 곳에서 발병하는 식물병이다. 식물 병원체는 식물 기생성 말무리藻類의 일종인 *Cephaleuros virescens*로 알려져 있다. 나무가 생육하는 데 큰 피해를 주지 않지만 잎에 병반이 남아 있어 관상 가치가 떨어진다.

5~6월경부터 잎의 양면에서 발병하는데, 초기에는 잎 표면에 회백색의 작은 덩어리가 나타나고 이것이 점차 커지면서 지름 6~10mm로 담녹색 벨벳 형태의 병반이 형성된다. 병반은 시간이 지나면서 회갈색이 되고 잎 뒷면의 병반은 적갈색을 띤다. 통풍과 채광이 좋지 않은 음습한 곳에서 흔히 나타나는 경향이 있다. 잎의 병반 부위에서 월동한 병원체는 봄부터 여름에 걸쳐 빗물이나 바람에 의해 전파된다.

이 같은 식물병을 예방하려면 무엇보다 동백나무의 통풍과 채광을 확보하도록 주변을 잘 정리해야 한다. 또 지하부 토양의 배수성을 확보하고 나무의 영양 관리를 철저히 한다. 이미 발병한 경우에는 해당 부위를 곧바로 제거하고 보르도액을 2주 간격으로 두세 차례 살포한다.

기타 병해

봄부터 초여름에 걸쳐 동백나무의 꽃눈에 발병해 꽃눈의 기형을 유발하거나, 화아 분화를 저해하는 떡병*Exobasidium nudum*을 비롯해 다른 식물과 마찬가지로 상처를 통한 바이러스 감염도 생길 수 있다. 이 같은 식물병은 방제하기 어려우므로 조기에 제거하는 것이 중요하다.

그 밖에 진딧물이나 깍지벌레 등 흡즙성 해충의 분비물에 균류가 번식해 발병하는 그을음병도 있다. 이 경우 불에 그을린 듯 색이 검게 변해 관상 가치가 떨어진다.

동백나무 충해

깍지벌레

동백나무에 해를 끼치는 깍지벌레에는 여러 종류가 있으며 암수 모양도 다르다. 보통 둥그런 깍지처럼 생겼고 크기는 2~4mm이며 갈색 혹은 회색을 띠며, 잎과 부드러운 줄기에서 수액을 빨아 먹어 식물의 생장을 저해한다. 동백나무를 주로 해치는 깍지벌레는 뽕나무깍지벌레*Pseudaulacaspis pentagona*와 뿔밀깍지벌레*Ceroplastes ceriferus* 등이 있다.

깍지벌레의 배설물에 의해 그을음병이 2차 발생해 동백나무의 관상 가치를 떨어뜨린다. 깍지벌레는 기주식물의 범위가 넓어 발견하는 즉시 방제해야 하는 해충이다. 적기에 방제하지 못하면 대량으로 발생할 우려가 있고 방제 효과도 떨어진다. 화분에 식재한 동백나무는 손으로 구제할 수도 있으나 농약을 사용하는 것이 도움이 된다. 메티온 유제수프라사이드 1,000배 액을 일주일 간격으로 두세 차례 살포한다.

진딧물

밀식된 동백나무는 병충해 발생에 유의한다.

진딧물은 이른 봄에 발달한 부드러운 잎의 뒷면에 대량으로 붙어 즙액을 빨아 먹어 잎이 오그라들고 식물체가 잘 자라지 못하도록 피해를 주는 해충이다. 진딧물의 종류도 다양하며, 대부분 식물 바이러스를 매개해 식물체를 도태시키기도 한다. 특히 건조한 환경 조건에서 많이 발생한다. 거의 모든 식물에 붙어 해를 끼치는 해충으로, 봄부터 가을까지 수세대에 걸쳐 증식하며 기주식물을 확장한다. 포스팜Phospham 액제, 모노포Monocrotophos 액제, 메타Meta 유제, 피리모 수화제, 아시트Acephate 수화제 등 진딧물 방제용 약제를 살포한다.

응애

응애는 몸길이가 0.2mm 내외의 매우 작은 절지동물로, 어린잎이나 꽃봉오리의 즙액을 빨아 먹는다. 대부분의 종은 발육 속도가 매우 빠르며 연간 8~10세대를 경과하는 종류도 있다. 건조하고 통풍이 좋지 않은 재배 조건에서 자주 발생하며 반복되는 농약 살포로 약제 저항성을 갖춘 응애도 나타난다.

동백나무에 많이 발생하는 응애로는 점박이응애*Tetranycbus urticae*가 대표적이다. 2% 기계유Machine oil 유제를 살포하거나 비페스린Bifenthrin 수화제 혹은 싸이핵사틴Cyhexatin 수화제를 살포한다.

차주머니나방

동백나무의 차주머니나방 피해 잎

상록성인 동백나무의 잎을 비롯해 차나무 같은 상록수에서 흔히 볼 수 있는 차주머니나방*Eumeta minuscula*의 애벌레에 의한 피해도 종종 발생한다. 차주머니나방의 애벌레는 잎을 직접 갉아 먹어 피해를 주는데, 1년에 1회 발생하며 고치 안에서 월동한 후 5~7월경에 성충이 되어 나타난다. 6~8월에 부화한 애벌레는 바람을 타고 흩어져 잎에 붙어 해를 끼친다.

겨울철에 식물체에 붙은 고치를 제거한 뒤 사전 방제 작업이 필요하며, 이미 발생한 경우에는 7~8월에 클로르플루아주론Chlorfluazuron 유제, 페니트로티온Fenitrothion 유제 등을 살포해 방제한다.

기타 해충

최근 남부 지방에서 줄고운가지나방*Ectropis excellens*의 유충으로 감귤나무와 동백나무 등이 엄청나게 큰 피해를 입는 일이 발생했다. 동백

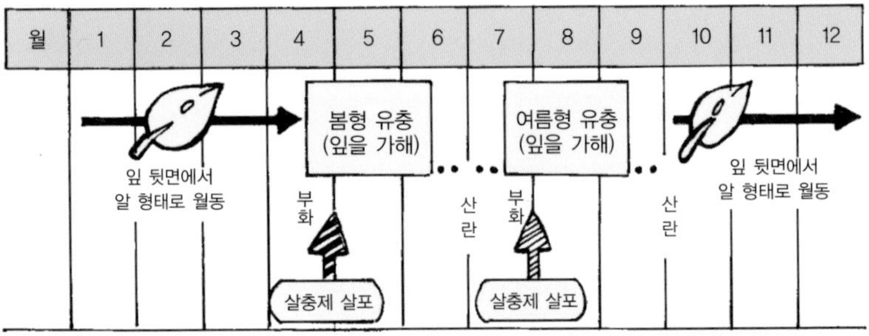

차독나방의 연간 발생 주기

나무 개체 수가 많은 제주도 일대에서는 최근 차독나방*Ectropis pseudo-conspersa*이 번성한다. 현지에서는 '동박충'이라고도 하는데, 4월 하순과 7월 하순에 걸쳐 연 2회 발생하며 동백나무에 심각한 피해를 준다. 유충은 동백나무 잎에 해를 끼치며 유충, 성충, 고치에 붙어 있는 독침으로 사람에게 가려움을 동반한 극심한 통증을 일으킨다. 결국 주민들이 차독나방의 발생을 막기 위해 마을 주변에 자라는 오래된 동백나무를 모두 베어버리는 2차 피해를 유발하기도 했다.

이들 자나방과 해충의 유충은 발생 수가 적을 때에는 손으로 죽일 수 있지만, 대량으로 발생한 경우에는 디프 수화제나 메프 수화제를 10일 간격으로 한두 차례 살포해 방제한다. 약제를 살포할 때는 유충이 붙어 있는 잎의 뒷면에 약제가 잘 묻을 수 있도록 한다.

청솔귀뚜라미 피해를 입은 동백나무 잎

메뚜기목 귀뚜라미과의 청솔귀뚜라미*Truljalia hibinonis*의 성충도 7월경에 동백나무의 엽육 조직을 갉아 먹는다. 수컷은 특유의 소리를 내는데, 일부에서는 관상용으로 사육하기도 한다.

생리 · 생태적 장애

동백나무에 직접 피해를 주는 기생성 병원균이나 해충 같은 생물체가 아닌, 불량한 환경 조건이나 식물체 자체의 생리적 요인으로 발생하는 비정상적 생육 장애가 나타날 수 있다. 이러한 장애는 국지적 기상 환경의 악화, 불량한 토양 조건, 대기오염, 사람 혹은 동물에 의한 물리적 훼손 등 다양한 요인으로 발생할 수 있다. 생리 · 생태적 장애는 다른 식물체에 전염되지 않으며, 원인이 되는 특정 조건이 개선되면 곧바로 정상 생육 상태로 돌아온다.

저온 피해

우리나라의 대표 난온대성 식물인 동백나무는 겨울철 추위에 유전적으로 취약한 특성이 있다. 자생지인 남부 지방과 도서 지역의 겨울철 기상 조건은 동백나무가 생장하고 개화하는 데 문제가 없지만, 인위적으로 동백나무를 식재한 중부 지방과 내륙 지역에서는 월동이 불가능할 정도로 겨울철 최저기온이 떨어지는 경우도 있다. 이때 동백나무는 다양한 유형의 저온 피해cold injury를 입을 수 있다.

다년생 목본류에서 발생하는 겨울철 저온 피해에는 상해霜害, frost damage, 냉해冷害, chilling injury, 한건해寒乾害, winter desiccation, 동해凍害, freezing injury, 동열凍裂, frost crack 등 여러 유형이 있다. 겨울철 기온이 심하게 떨어져 식물체의 치사 한계 온도 이하의 저온 상태로 냉각된 식물세포가 결국 세포내동결細胞內凍結, intracellular freezing을 일으켜 고사하는 피해를 '동해'라 한다. 중북부 지방의 낙엽활엽수에서 종종 볼 수 있지만, 남부 지방에서 자라는 동백나무에서는 특별한 경우를 제외하고는 발생할 확률이 거의 없다. 그러나 겨울철에도 잎이 붙어 있는 상록활엽성 동백나무에서 나타날 수 있는 저온 피해는 상해, 냉해, 한건해가 대부분을 차지한다.

온대 기후대에 자생하는 대부분의 고등식물은 겨울이 되기 전에 식물체 내의 수분 함량을 최소한으로 줄이고, 당분을 위주로 한 저장양분을 축적하며 세포 구조를 견고히 해 겨울철 저온 환경에 대비한다. 이 같은 현상을 '저온순화低溫馴化'라 한다. 그러나 아직 식물체가 겨울 추위에 채 대비하지 못한 초가을에 갑자기 서리가 내리거나, 따뜻한 봄철에 대비해 월동을 끝낸 늦봄에 서리가 내리면, 식물체는 또 저온 피해를 입는다. 이 같은 피해를 '서리에 의한 상해'라 한다.

우리나라의 겨울은 한랭하고 습도가 낮은 시베리아 기단에 뒤덮여 지속적으로 차고 건조한 계절풍이 끊임없이 불어오기 때문에 저온 환경에서 토양도 얼어붙어 뿌리를 통한 수분 흡수가 원활하게 이루어지기 힘들다. 이러한 상태에서 차고 건조한 바람이 상록활엽수의 잎으로부터 증산을 촉진해 식물체는 수분 불균형으로 고사하고 만다. 이때 고사한 식물체의 세포는 고장용액高張溶液, hypertonic solution의 삼투압 스트레스osmotic stress에서와 같은 기작起作, mechanism으로 고사한다. 이 같은 겨울철 식물체의 피해 현상을 '한건해'라 한다. 또 식물체의 생육에 적절하지 못한 저온에 의해 어린잎, 신초, 꽃 등이 피해를 입는 현상을 광범위하게 '냉해'라 한다.

도심 아파트 정원에 식재한 동백나무

건전한 동백나무의 수세를 유지해 겨울철 저온 피해를 줄이려면 봄부터 가을까지 시비 관리를 철저히 할 필요가 있다. 또 저온 피해가 우려되는 경우에는 적절한 방한과 보온 대

겨울철 다설 지역의 식물 보호 대책

책을 세워야 한다.

이 외에도 겨울철 강한 바람에 식물체 잎이 떨어져 미관이 좋지 않고, 봄철 신초 생장과 발아에 악영향을 끼치는 '한풍해'도 있다. 눈이 많이 오는 지역에서는 수목의 수관부에 쌓이는 눈의 설압에 의해 수형 변화, 가지 찢어짐, 절단 등의 '설해雪害'도 나타난다. 이 같은 설해가 우려되는 지역의 동백나무는 미리 정지 · 전정 작업을 함으로써 어느 정도 완화할 수 있다. 자생 동백나무의 지역별 개체의 내한성을 조사한 결과, 울릉도에서 생육하는 동백나무가 월동 중에 엽내 지방과 단백질 함량이 높았으며 타 지역 개체에 비해 내한성이 강하게 나타났다는 연구 보고가 있다.

지하부의 과습

동백나무는 지하부의 배수성과 통기성을 확보하는 일이 매우 중요하다. 그러므로 토양 입자 사이의 공극孔隙, pore space이 충분하고 공기가 많아 뿌리의 호흡이 원활해야 한다. 토양 중에 수분이 너무 많으면 과습되고 그 결과 산소 부족으로 식물의 지하부 뿌리가 썩는다. 동백나무는 뿌리가 썩으면 치명적이어서 회복이 거의 불가능하다. 이식한 후 특별한 이유 없이 동백나무가 쇠약하거나 고사한다면 지하부의 과습으로 뿌리 썩음이 원인인 경우가 대부분이다. 동백나무 뿌리가 상하면 처음에는 잎자루가 누렇게 변하면서 점차 잎이 시들어 아래로 처진다. 이후 시간이 지나면서 낙엽이 지고 지하부 뿌리가 썩으며 지상부도 고사한다. 자생 동백나무는 이 같은 뿌리 썩음에 특히 약하므로 식재지 배수에 한층 유의해야 한다. 부득이하게 식재지가 침수했다면 5일 이내에 뿌리 주변에 고인 물이 배수되도록 조치를 취한다.

동백나무 노거수의 뿌리

덩굴식물과 기생식물에 의한 피해

기온이 온화하고 공중 습도가 높은 남부 지방에 자생하는 동백나무의 생육지는 다른 식물들도 왕성하게 자랄 수 있는 환경 조건이다. 이 가운데 생육이 왕성하게 공격성이 강한 덩굴식물은 동백나무뿐 아니라 주변의 다른 나무를 감고 올라가 햇빛을 차단하거나 줄기 또는 가지에 물리적 피해를 준다.

이 같은 식물로는 석위石韋, *Pyrrosia lingua*, 환삼덩굴*Humulus japonicus*, 거지덩굴*Cayratia japonica* 같은 초본성 덩굴식물류를 비롯해 줄사철나무*Euonymus fortunei*, 다래나무*Actinidia arguta*, 담쟁이덩굴*Parthenocissus tricuspidata*, 마삭줄*Tachelospermum asiaticum* var. *intermedium*, 멀꿀*Stauntonia hexaphylla*, 송악*Hedera rhombea* 같은 목본성 덩굴식물이 있다.

특히 목본성 덩굴식물은 나무 줄기를 감고 올라가 피해목의 광합성을 방해하고 시간이 지나면서 줄기를 압박해 수분과 양분의 이동을

동백나무에 감긴 마삭줄

동백나무에 감긴 후추등

가로막기도 한다. 또 겨우살이*Viscum album* var. *coloratum*, 동백나무겨우살이*Pseudixus japonica* 같은 반기생식물의 뿌리는 숙주식물의 목질부까지 도달해 물과 양분을 빼앗으므로 제거해야 한다.

겨우살이가 기생하는 동백나무 가지는 기형적으로 비대해지며 활력이 떨어지고 심하면 고사하기도 한다. 일반적으로 덩굴식물의 밑부분에서 낫이나 가위 등으로 잘라서 제거하지만, 목본성 덩굴식물은 절단 부위에서 새로운 맹아가 자라는 경우도 있다. 이 같은 현상이 예상된다면 절단 부위에 제초제 원액을 바르고 비닐로 싸주면 쉽게 제거할 수 있다.

계절에 따른 동백나무 관리

봄철 3~5월

대부분의 동백나무 품종이 개화하는 시기이므로 야외는 물론 화분에 식재한 나무도 햇빛을 충분히 볼 수 있도록 한다. 또 한창 꽃을 피운 동백나무가 3월 하순이 되면 꽃이 떨어지는데, 이때가 바로 정원 또는 화분에 식재한 나무의 수형을 잡아나가기 적합한 시기이다.

기온이 높게 오르는 남부 지방에서 정지 · 전정 작업이 너무 늦게 이루어지면 절단 부위에서 수액이 많이 흘러나와 나무가 약해지거나

관목형으로 재배한 동백나무

독립형 정원수로 심은 동백나무

고사할 수 있다. 만일 나무의 절단 부위에서 수액이 흘러나오면 곧바로 근원부 주변을 파고 굵은 뿌리를 적당히 잘라 수액이 흐르는 것을 멈추게 한다.

3~4월은 동백나무의 이식이 가능한 시기이다. 화분에 장기간 재배해 뿌리가 너무 많이 자라 뒤엉킨 동백나무는 꽃이 진 직후에 곧바로 화분 갈이를 한다. 비정상적으로 잎이 떨어지거나 꽃이 활짝 피지도 않고 개화가 멈춘 나무는 지하부의 배수 불량으로 뿌리가 썩었을 개연성이 크므로 곧바로 파내어 조치한다.

너무 큰 화분은 세근 발달을 저해한다

썩은 뿌리를 제거하고 지상부도 충분히 정지한 후 토양 개량을 마친 화분 또는 정원에 식재한다. 또 이 시기에는 1~2년 후 이식할 예정인 동백나무의 뿌리 돌림 작업이 필요하다. 뿌리 돌림은 근원부 주변의 흙을 파고 굵은 뿌리를 전정가위로 자른 후 다시 흙을 덮어준다. 수고 2m 이상으로 자란 동백나무를 이식하려면 적어도 1년 전에 뿌리 돌림을 하여 세근이 충분히 발달하도록 해야 한다. 뿌리 돌림 과정 없이 이식한 경우에는 현재 달려 있는 잎의 2분의 1 정도를 전정해주는 것이 안전하다.

통풍이 잘 안 되고 온도가 높게 올라가는 실내에서 재배한 동백나무 화분은 탄저병 등이 발생할 확률이 높다. 햇볕이 따뜻한 날에는 오전 중 밖에 내놓아 통기 조건을 좋게하고 과다한 습기를 제거한다. 식물병이 발생한 경우에는 재빨리 살균제로 방제한다. 4월 말에는 한낮의 기온이 올라가면서 깍지벌레가 생기기 쉬우므로 주의하고, 적절한 방제 작업을 한다.

접목 번식이 가능한 시기이므로 실생 대목에 품종 동백나무를 접수해 접목 작업을 할 수 있다.

이듬해에 화려한 꽃을 많이 보고 싶다면 꽃이 완전히 떨어진 5월 하순부터 6월 중순경까지 관수량을 평상시보다 줄이는 것이 좋다. 관수량을 조절하면 화아 형성을 유도해 개화량을 늘릴 수 있다. 5월 하순에는 결실한 열매를 충분히 적과摘果, 열매솎기해 주어야 나무의 수세가 좋다.

화아 분화를 촉진하는 관리 방법

여름철 6~8월

5월부터 발달한 그해의 신초는 6월경이 되면 굳기 시작한다. 6월 하순이 되면 남부 지방부터 장마철에 들어가기 시작하며, 이때부터 8월에 걸쳐 적당히 굳은 1년생 반숙지를 삽수로 채취해 삽목을 통한 영양 번식이 가능하다. 1년 중 이맘때가 삽목 번식을 하기에 가장 적합한 시기이다. 지난해에 삽목해 발근한 어린 묘를 지름 9cm의 이식용 비닐 포트에 옮겨 심는다.

봄철에 이식 시기를 놓친 동백나무를 장마철에 이식하는 경우에는 배수와 차광에 특별히 유의해야 한다. 7~8월에는 동백나무의 접목을 통한 번식이 가능하다. 특히 활착률이 좋은 절접切接을 통해 대량 번식을 할 수 있다.

8월 초순경에 이르면 꽃눈이 눈에 띄게 발달하는데, 이듬해에 아름다운 꽃을 보고 싶다면 과다하게 형성된 꽃눈을 적당히 따주어야 한다. 이때 가늘고 상대적으로 크기가 작은 잎눈과 구별해 따야 한다.

동백나무의 생육이 왕성한 여름철에는 화분에 재배하는 동백나무에 구리철사를 감아 수형을 만들 수 있다. 그러나 전정가위를 사용해 가지를 절단하는 작업은 기껏 형성된 꽃눈을 무분별하게 제거하는 셈이므로 특별한 경우가 아니면 하지 않는다.

장마철이 지속되면서 탄저병 발생이 우려되므로 동백나무 주변의 통풍과 채광을 확보하고, 필요하다면 만코지 수화제 같은 살균제를 뿌린다. 또 장마철 집중호우 등으로 지하부 과습에 의한 동

도로 가장자리의 경계 식재로 이용한 동백나무

백나무의 뿌리 썩음 현상이 나타날 수 있으니 배수에 유의한다.

장마가 끝난 뒤 여름철 가뭄이 길어지면 응애의 피해에 대비해 적절한 방제 작업도 해야 한다. 장마가 끝난 뒤 여름철에는 동백나무의 생육이 왕성한 시기인 만큼 특별히 시비를 할 필요는 없으나 완숙 퇴비를 나무 주변에 깔아주면 좋다.

가을철 9~11월

9~10월에 걸쳐 동백나무의 이식이 가능하다. 너무 늦게 이식하면 뿌리가 활착하기도 전에 서리가 내려 신초가 상해를 입기 쉽다. 성목을 이식하려면 봄철과 마찬가지로 미리 뿌리 돌림을 해놓는 것이 좋다.

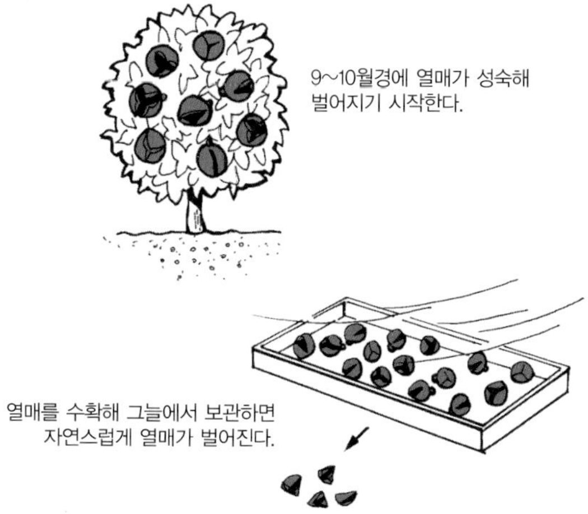

성숙한 동백나무 종자 채종

9월에 접어들어 가을이 되면 동백나무의 열매가 익으면서 조금씩 벌어지는 것도 있는데, 열매가 완전히 벌어져 종자가 떨어지기 전에 수확을 시작하는 것이 좋다. 수확한 열매는 얇은 종이 봉지나 그물망에 모아 그늘에서 보관하면 열매가 저절로 벌어져 종자를 채종採種할 수 있다. 채종한 종자는 파종상이 준비되는 대로 되도록 빨리 파종해야 발아율이 높다.

9월 이후에는 화분에 재배하는 동백나무와 노지에 식재한 어린 묘목은 비료를 가볍게 주는 것이 좋은데, 이때 사용하는 비료는 인산과 칼륨을 중심으로 조제한 것을 쓴다. 특히 꽃이 큰 원예 품종은 반드시 가을에 충분히 시비를 해야 이듬해 봄에 피는 꽃이 화려하다.

가을철에는 대부분 날이 맑고 쾌청하지만 태풍이 올라오는 경우가 종종 있다. 강한 바람에 가지가 부러지거나 꽃눈이 상하지 않도록 기상예보에 따라 적절히 대책을 세워야 한다.

겨울철 12~2월

12월에 이르면 갑자기 기온이 떨어지면서 건조하고 강한 바람이 지속적으로 분다. 추운 지방에서 화분에 식재하는 동백나무는 햇볕이 잘 드는 실내나 비닐하우스로 옮긴다. 특히 화분에 식재한 동백의 꽃눈이 막 벌어지려고 하면 온도 변화가 심하지 않은 곳에 두는 것이 개화에 도움이 된다. 눈이 많이 오는 지역에서 노지 재배하는 동백나무는 지주를 세워주거나 거적 등으로 싸서 적설 피해를 입지 않도록 한다.

석회유황합제 살포 방법

12월경에 노지 동백나무의 근원부 주변에 퇴비나 부엽 등을 덮어주면 비료 효과를 낼 뿐 아니라, 겨울철 찬 하강기류로부터 근원부의 냉해를 방지한다. 이 시기에는 충분히 발효된 유기질 비료를 시비할 수 있다. 1월 중순경 병충해를 예방하기 위해 석회유황합제 20~30배 액을 살포하면 좋다.

대부분의 동백나무 품종이 만개하는 시기이므로 꽃을 관리하는 데 유의한다. 특히 꽃눈이 물리적으로 상하거나 병충해가 발생하지 않도록 해야 한다. 활짝 핀 꽃에 인공수정을 해 원하는 품종을 만들 수 있는 시기이다. 꽃이 완전히 피기 전에 대상 꽃의 수술을 제거하고 다른 꽃에서 붓으로 꽃가루를 묻혀와 인공수정을 할 수 있다.

이 같은 꽃은 별도로 표시해 나중에 수확한 종자의 모본과 부본을 확실히 알 수 있도록 해야 한다. 아직 완전히 벌어지지 않은 꽃이 달린 가지를 절화로 수확해 동백나무 절화로 이용할 수도 있다.

6

대표적인 동백나무 재배 품종

붉은색 동백

아카코시미노 Akakoshimino

겹꽃의 소륜형으로 12~3월에 개화한다. 겹겹한 진한 붉은색 꽃잎에 가려 대부분 수술이 잘 보이지 않는다.

아카세이오보 Akaseiobo

홑꽃의 중륜형으로 11~4월에 개화한다. 늦가을부터 개화하기 시작해 비교적 개화 기간이 긴 품종이다.

아카스미노쿠라 Akasuminokura

겹꽃의 중륜형 혹은 대륜형으로 2~4월에 개화한다. 잎이 상대적으로 넓고 두꺼우며 성질이 강건해 재배하기 용이하다.

아키자키 베니카라코 Akizaki Benikarako

홑꽃의 대륜형으로 11~4월에 꽃이 피는데, 개화 기간이 긴 품종이다. 꽃의 중심부 전체가 변형되어 수술이 거의 보이지 않는다.

아미고 Amigo

홑꽃 혹은 반겹꽃의 소륜형이며 3~4월에 개화한다. 나무는 다른 품종에 비해 상대적으로 왜성형矮性形: 종의 표준 크기보다 작게 자라는 특성이지만, 성질이 매우 강건한 품종이다.

베니아라시 Beniarashi

겹꽃의 중륜형 혹은 대륜형으로 4~5월에 개화한다. 다른 품종에 비해 엽맥이 두드러진 것이 특징이며, 나무는 상대적으로 키가 작게 자라는 편이다.

베니야구라 Beniyagura

반겹꽃 혹은 겹꽃의 중륜형이거나 대륜형이며 3~4월에 개화한다. 꽃 속에 또 꽃이 피어 있는 듯한 모양새가 아름답다.

봉봉 레드 Bonbon Red

겹꽃의 소륜형으로 2~4월에 개화한다. 검붉은색 꽃잎과 두꺼운 잎이 조화를 이루고 나무의 성질이 강건하다.

카멜리아 인 미드윈터 Camellia in Midwinter

애기동백에서 육성된 품종으로 반겹꽃의 중륜형으로 11~1월에 개화한다. '간 쓰바키Kan Tsubaki'와 동일한 품종이다.

다즐러 Dazzler

애기동백에서 육성된 품종으로 반겹꽃의 중륜형이고 10~2월에 개화한다. 성질이 강건하고 많은 꽃이 피는 다화성이어서 널리 식재하는 인기 있는 품종이다.

도나 헤르질리아 드 프레이타스 마갈하에스
Dona Herzilia de Freitas Magalhaes

가장 이름이 긴 품종으로 1925년 포르투갈에서 육성되었다. 자줏빛이 도는 붉은색으로, 토양에 따라 화색이 중륜형으로 2~4월에 개화한다.

드라마 걸 Drama Girl

반겹꽃의 초대륜형화경 약 12.5cm으로 3~5월에 개화한다. 다른 품종에 비해 잎도 크고 나무의 생장도 매우 왕성하다.

에이라쿠 Eiraku

홑꽃의 중륜형으로 3~4월에 개화한다. 진한 붉은색 꽃이 피고 잎과 뿌리에 약간 검은빛이 돈다. 나무의 세력은 약한 편이다.

후쿠시마 유리 Fukushima Yuri

홑꽃의 소륜형 혹은 중륜형으로 1~4월에 개화한다. 상대적으로 꽃잎이 길고, 백합 같은 화형이 특징이다.

긴요 쓰바키 Ginyo Tsubaki

홑꽃의 소륜형으로 12~4월에 개화한다. 1980년 일본의 야생 동백나무에서 선발한 품종으로, 꽃은 약간 분홍색이 돌고 잎 가장자리의 톱니가 뚜렷한 편이다.

히치리맨Hichiriman

겹꽃의 중륜형으로 3~4월에 개화한다. 13~14장의 꽃잎이 안쪽을 싸고 있는 듯한 모양이 특징이다. 수세가 강건해 재배하기 쉽다.

호우잔 노 히카리 Houzan no Hikari

홑꽃의 소륜형으로 1~3월에 개화한다. 일본의 오키나와 지역에 자생하는 동백나무에서 선발한 품종이다.

간지로Kanjiroh

애기동백에서 육성한 품종으로 반겹꽃의 중륜형이고 11~2월에 개화한다. 1954년 오스트레일리아에서 발표했으며, 잎과 꽃 색깔이 다른 동백나무 품종에 비해 진한 편이다.

고마히메 Komahime

연한 붉은색의 홑꽃에 중륜형으로 야생 동백나무와 유사하다. 12~4월에 개화하는데 개화 기간이 비교적 긴 것이 특징이다.

코우보탄 Koubotan

겹꽃의 모란형으로 꽃이 피는 대륜형이고 3~4월에 개화한다. 개화량이 많고 나무의 생장도 왕성한 편이다.

고우 오토메 Kou Otome

겹꽃의 중륜형으로 3~4월에 개화한다. 다른 품종에 비해 삽목 번식이 용이하고, 성질이 강건해 공원이나 정원에 많이 식재하는 품종이다.

레이디 클레어 Lady Clare

겹꽃의 극대륜형으로 2~4월에 개화한다. 꽃과 잎이 매우 큰 3배체 품종으로, 성질이 강건하고 개화도 양호하지만 열매는 거의 맺지 않는다. '아카시가타Akashigata'와 동일한 품종이다.

미드나이트 세레나데 Midnight Serenade

홑꽃의 중륜형 혹은 대륜형이며 3~4월에 개화한다. 크고 뒤틀어진 듯한 모양에 선명하게 붉은 꽃이 특징이며, 1973년 미국 캘리포니아의 누치오Nuccio 농원에서 발표했다.

모리베아카야부 Moribeakayabu

홑꽃의 중륜 나팔형이며 12~3월에 개화한다. 잎과 꽃의 균형감이 뛰어나며, 나무는 직립형으로 곧게 자란다.

무소우카 Musouka

홑꽃의 소륜형이며 2~4월에 개화한다. 주황색이 도는 꽃잎이 아름다우며, 나무는 직립형으로 곧게 자란다.

니라이카나이 Niraikanai

홑꽃의 소륜형 혹은 중륜형이며 2~4월에 개화한다. 자생 동백나무와 유사하나 화색은 선명한 붉은색이고 잎에 굴곡이 있다.

펄스 펫 Pearl's Pet

겹꽃의 중륜형으로 2~4월에 개화한다. 아네모네를 닮은 꽃이 연한 붉은색으로 개화하고 생장이 빠르다.

레드 버튼 Red Button

홑꽃의 소륜형으로 3~4월에 개화한다. 꽃과 잎이 작아 분화용으로 이용한다. 수세는 보통이며 생장은 느린 편이다.

센슈안 Shensyuan

홑꽃의 소륜 사발형으로 11~3월에 걸쳐 개화한다. 밝은 주홍색 꽃잎과 연노란색 수술이 특징이며, 나무도 왜성형이다.

덴린지 가코 Tenrinji Gakko

홑꽃의 초소륜 나팔형이고 11~3월에 개화한다. 수술의 꽃밥이 흰색을 띠는 특징이 있다. 분재 또는 분화용으로 많이 이용하고 수세는 약한 편이다.

쓰시마 지도리 Tsushima Chidori

홑꽃의 소륜형으로 2~4월에 개화한다. 일본의 쓰시마에 자생하는 야생 동백나무의 실생묘에서 선발한 품종이며, 분화용으로 많이 이용한다.

월섬 글로리 Waltham Glory

홑꽃의 중륜형으로 2~3월에 개화한다. 1923년 영국에서 육성한 품종으로, 내한성이 상대적으로 강하다.

흰색 동백

아케보노 Akebono

홑꽃의 중륜형 혹은 대륜형이며, 11~4월에 개화한다. 꽃은 전체적으로 흰색이지만, 연한 분홍빛이 돌고 3배체 품종이다.

클레오파트라 노바 Cleopatra Nova

1858년 벨기에의 '판 호우터Van Houtte 원예 카탈로그'에 처음 발표해 오늘날까지 재배하는 품종이다. 선명한 흰 꽃이 아름답고 성질이 강건한 편이다.

지리 쓰바키 Chiri Tsubaki

애기동백에서 육성한 품종으로 겹꽃의 소륜형 혹은 중륜형이고, 10~2월에 개화한다. 개화 초기에는 흰색이지만, 나중에는 점차 연한 분홍빛을 띤다.

조우치도리 Chouchidori

홑꽃의 중륜 나팔형으로 3~4월에 개화한다. 생장이 왕성하고 수세도 강한 편이다. 여러 그루를 모아 심거나 열식해 재배한다.

디도 Dido

1848년 오스트레일리아에서 육성해 1861년 발표한 품종으로, 재배 역사가 오래되었다. 반겹꽃의 중륜형이며 2~3월에 개화한다.

자이앤틱 Gigantic

1934년경 미국에서 애기동백으로부터 육성한 품종으로, 홑꽃의 대륜형이며 10~2월에 개화한다. 생장이 빠르며 '앨런스 기간티아Allan's Gigantea'와 동일한 품종이다.

고린 Gorin

겹꽃의 소륜형으로 3~4월에 개화한다. 잎은 다른 품종에 비해 상대적으로 작고 길며 두껍다. 수형은 옆으로 자라는 성향이 있으며, 맹아력이 좋지 않아 재배하기 까다롭다.

이치후쿠 Ichifuku

홑꽃의 소륜형으로 2~4월에 개화한다. 꽃잎은 순백이고 약간 두꺼운 편이며, 수세는 보통이다. 열식해 재배하거나 분화용으로 이용한다.

기호우덴 Kihouden

겹꽃의 대륜형으로 2~4월에 개화한다. 순백의 꽃이 관상 가치가 높고 나무의 성질도 강건하며, 생장도 빠른 편이다.

기즈레가와 Kizuregawa

겹꽃의 중륜형으로 2~4월에 개화한다. 잎이 진한 녹색으로 두껍게 자라고 엽맥이 뚜렷하다. 나무의 성질도 강하고 재배하기 용이하다.

마터호른 Matterhorn

겹꽃의 중륜형으로 2~3월에 개화한다. 덩굴장미의 꽃과 같이 단정한 모양새이며, 순백의 꽃이 아주 아름답다.

미쓰히메 Mitsuhime

홑꽃의 소륜형으로 2~3월에 개화한다. 푸른빛이 돌 정도로 순백색의 꽃이 핀다. 잎은 진한 녹색을 띠고 광택이 있다. 수세가 강하고 재배하기 용이하다.

미야비 Miyabi

겹꽃의 대륜형으로 3~4월에 개화한다. 꽃잎은 흰색이지만 연한 분홍색이 은은하게 돈다. 꽃잎은 원래 안쪽으로 말리는 특성이 있지만 수령에 따라 차이가 난다.

셋슈 Setshu

홑꽃의 소륜형 혹은 중륜형이며 12~3월에 개화한다. 잎은 다른 품종에 비해 상대적으로 좁고 긴 편이다.

시기타쓰사와 Shigitatsusawa

홑꽃의 소륜형 혹은 중륜형으로 11~4월의 긴 기간 동안 개화한다. 나무는 직립으로 자라며 수세가 강건한 편이다.

시로다이카구라 Shirodaikagura

겹꽃의 대륜형으로 사자형 또는 모란형으로 꽃이 피며, 꽃잎은 약 30장 정도이다. 11~4월에 개화하며, 직립으로 자라고 수세는 보통이다.

시로카라코 Shirokarako

겹꽃의 소륜형으로 11~3월에 개화한다. 수세가 약하고 생장이 느린 편이다.

슈후라쿠 Shufuraku

홑꽃의 중륜형으로 12~4월에 개화하고, 통형 또는 사발형 꽃이 핀다. 꽃에 약간의 향기가 있으며 잎자루에 가는 털이 있다.

스노 Snow

애기동백에서 육성한 품종으로 홑꽃의 대륜형이다. 10~1월에 개화하고, 수세가 왕성하며 나무도 크게 자란다. '세쓰게카Setsugekka'와 동일한 품종이다.

소데카쿠시 Sodekakushi

겹꽃의 극대륜형으로 4~5월에 개화한다. 꽃과 잎이 모두 대형이므로 가지가 늘어지면서 자라는 경향이 있다.

쓰키노미야코 Tsukinomiyako

겹꽃의 중륜형으로 2~4월에 개화한다. 수형은 직립형이며 성질이 강건해 재배하기 용이하다.

워크스 화이트 싱글 Wark's White Single

오스트레일리아에서 1948년에 육성한 품종이지만, 시장에 널리 알려지지 않았다. 홑꽃의 중륜형으로 12~2월에 개화한다.

유키 보탄 Yuki Botan

겹꽃의 극대륜형으로 4월경에 개화한다. 다화성으로 꽃이 화려하게 피는 품종이다.

분홍색 동백

캘리포니아 던 California Dawn

반겹꽃의 대륜 모란형으로 1~2월에 개화한다. 1987년 미국 캘리포니아의 누치오 농원에서 애기동백*C. sasanqua*과 운남동백*C. raticulata*의 교잡종으로 발표했다. 연한 분홍색 꽃잎이 아름답다.

크레이프 페이퍼 Crepe Paper

컵처럼 생긴 화형의 반겹꽃 대륜형으로 2~4월에 개화한다. '하나후키Hanafuki', '플라워 오브 웰스 앤드 오너Flower of Wealth and Honor', '챌리스Chalice' 등과 동일한 품종이다.

디자이어 Desire

겹꽃의 중륜형으로 1~3월에 개화한다. 연한 분홍색 꽃잎의 끝에 진한 분홍색이 감돌며 성질이 강해 재배하기 용이하다.

도모토스 프티 Domoto's Petite

겹꽃의 소륜형이며 3~5월에 개화한다. 미국의 캘리포니아에서 1960년대 육종했다.

폰Fawn

반겹꽃의 중륜형으로 1~4월에 개화한다. 잎은 진한 녹색을 띠고 수세가 강해 잘 자란다.

프레이그런트 핑크 Fragrant Pink

미국의 아케르만 박사Dr. Ackerman가 육성한 품종으로 *C. rusticana*와 *C. lutchuensis*의 교잡종이다. 1982년 영국 왕립원예협회에서 상을 받기도 했다.

하고로모Hagoromo

겹꽃의 중륜형 혹은 대륜형이며 3~4월에 개화한다. 매우 연한 분홍색 꽃이 청순한 느낌을 자아낸다.

하루노마이 Harunomai

겹꽃의 대륜형이며 3~4월에 개화한다. 20장 정도의 얇고 연한 연분홍색 꽃잎이 겹쳐서 풍성하게 피며, 수세가 약해 재배하기 쉽지 않은 품종이다.

하이 와이든 핸섬 High Wide'n Handsome

반겹꽃의 중륜형으로 1~3월에 개화한다. 미국의 매카스킬 가든McCaskill garden에서 실생 번식을 통해 선발한 품종이다.

인스퍼레이션 Inspiration

카멜리아 레티쿨라타*C. reticulata*와 카멜리아 살루에넨시스*C. saluenensis*의 교잡종으로 육성한 겹꽃의 중륜형이다. 진분홍색 꽃잎이 관상 가치가 높고 1~4월에 개화한다.

쥘리아 프랑스 Julia France

반겹꽃의 대륜형으로 1~3월에 개화한다. 미국 남부 찰스턴Charleston의 애시비H. E. Ashby 부처가 1958년에 육성한 품종이다.

마담 버터플라이 Madame Butterfly

홑꽃의 중륜형 또는 드물게 반겹꽃형으로 2~3월에 개화한다. '초초산Chochosan'과 동일한 품종이다.

마쓰리비나 Matsuribina

홑꽃의 중륜형으로 2~4월에 개화한다. 흰색에 가까울 정도로 연한 분홍색 꽃잎의 가장자리에 뚜렷한 분홍색이 감돈다. 꽃에서 은은한 향기가 나는 특징이 있다.

머메이드 Mermaid

1947년 미국 캘리포니아의 스타Star 농원에서 발표한 품종으로, 진한 분홍색 꽃잎의 대륜형으로 1~3월에 개화한다.

미우라 오토메 Miura Otome

겹꽃의 중륜형 혹은 대륜형으로 4월경에 개화한다. 일본 가나가와神奈川현 미우라三浦 반도 일대에서 오래전부터 재배하던 품종이다.

모모와레 Momoware

진한 분홍색 겹꽃의 중륜형으로 12~2월에 개화한다. 꽃의 가운데 부분이 마치 사람 머리 모양頭相으로 꽃잎이 겹쳐져 있다.

묘렌지 Myorenji

홑꽃의 중륜형으로 2~3월에 개화한다. 17세기경부터 일본에서 재배한 유명한 품종이다. 붉은색과 흰색 꽃이 피는 품종도 있다. 수형이 단아하고 재배하기 용이하다.

노베오카 Nobeoka

홑꽃의 중륜형이며 2~4월에 개화하는 품종이다. 꽃잎이 다른 품종에 비해 두꺼운 편으로, 개화 기간이 상대적으로 길다. 통형 또는 사발형으로 꽃이 핀다.

오토히메 Otohime

홑꽃의 소륜형 혹은 극소륜형이며 12~4월에 개화한다. 종자를 맺지 않는 특성이 있다. 분홍색 꽃잎에 흰 무늬가 나타나기도 한다.

오토메 쓰바키 Otome Tsubaki

겹꽃의 중륜형으로 12~4월에 개화한다. 삽목 번식이 용이하며 맹아력이 강해 산울타리용으로 식재하면 좋다.

오와리와비스케 Owariwabisuke

홑꽃의 극소형으로 12~3월에 개화한다. 진한 분홍색 꽃이 피므로 겨울철 절화용 소재로 이용하기도 하지만, 꽃이 빨리 시드는 경향이 있다.

퍼트리샤 앤 Patricia Ann

반겹꽃의 대륜형으로 2~4월에 개화한다. 나무는 직립형으로 자라며 수세가 강건한 편이다.

슌쇼코우Shunshokou

겹꽃의 중륜형이며 3~4월에 개화한다. 꽃에는 약한 향기가 있어 인기가 높다. 꽃의 바깥쪽으로 점차 화색이 짙어지는 경우도 있다.

스펜서스 핑크 Spencer's Pink

홑꽃의 중륜형으로 12~2월에 개화한다. 오스트레일리아에서 1939년에 발표한 품종으로, 유명한 화훼 재배가이던 스펜서Spencer 부인을 기념해 품종명이 붙었다.

스키야Sukiya

홑꽃의 소륜형 혹은 극소륜형이며 1~3월에 개화한다. 수세가 강해 재배하기 용이하지만 종자가 맺지 않는다.

다로우안 니시키 Tarouan Nishiki

연한 분홍색의 홑꽃으로 중륜형이며 11~4월에 개화한다. 통형 또는 사발형으로 꽃이 피고 잎은 약간의 굴곡이 나타난다.

다로우카자Taroukaja

홑꽃의 중륜형이며 12~4월에 개화한다. 중국 카멜리아종과의 잡종으로 추측하며, 씨방에 가는 털이 많은 특징이 있다.

덴코우 Tenkou

홑꽃의 중륜형으로 4월경에 개화한다. 꽃잎은 매우 연한 분홍색이며 꽃에서 은은한 향기가 풍긴다. 동백나무 분재용으로 흔히 재배한다.

도사우라쿠 Tosauraku

홑꽃의 중륜형 혹은 대륜형으로 2~3월에 개화한다. 꽃은 나팔형으로 피고, 수형은 직립형이며 성질이 강건한 품종이다.

치타노호마레 Tsitanohomare

겹꽃의 중륜 모란형으로 11~2월에 개화한다. 연분홍색 꽃잎에 흐린 무늬가 있어 관상 가치가 높다. 나무 성질이 강건해 재배하기 용이하다.

버널리스 Vernalis

애기동백에서 육성한 품종으로 반겹꽃 혹은 겹꽃이며 10~1월에 개화한다. '실버 드래건Silver Dragon', '긴류Ginryu' 등과 동일한 품종이다.

헨리 프라이스 Henry Price

겹꽃의 대륜형으로 3~4월에 개화한다. 꽃은 연꽃형이나 방사형으로 화려하게 피고, 꽃잎의 발달에 따라 약간의 화형 변화가 있다. E. G. 워터하우스 교수가 육성해 1965년도에 발표했다.

기타 품종

아마가시타 Amagashita

홑꽃의 중륜형 혹은 대륜형이며 2~4월에 걸쳐 개화한다. 진한 붉은색 꽃잎에 선명한 흰색 무늬가 있어 화려한 품종이다.

베니나가시 Beninagashi

반겹꽃의 대륜형이며 2~3월에 개화한다. 수형은 직립형으로 자라며, 꽃이 크므로 가지가 늘어지는 경향이 있다.

베티 포이 샌더스 Betty Foy Sanders

반겹꽃의 중륜형으로 3~4월에 개화한다. 미국 조지아주의 F. H. 스미스F. H. Smith가 육종했다.

베티 셰필드 드림 Betty Sheffield Dream

반겹꽃의 중륜형 혹은 대륜형으로 3~5월에 개화한다. 미국 루이지애나의 탐미아Tammia nursery 농장에서 육성한 '베티 셰필드Betty Sheffield' 품종에서 새로운 형질로 육종했다.

블랙 오펄 Black Opal

반겹꽃의 중륜형이며 3~5월에 개화한다. 뉴질랜드에서 1985년에 발표한 품종으로, 검붉은 색의 꽃잎이 특징이며 성장 속도가 느리다.

콜로니얼 레이디 Colonial Lady

반겹꽃의 중륜형으로 3~4월에 개화한다. '크리스털 레이크Crystal Lake', '화이트 조던스 프라이드White Jordan's Pride'와 동일한 품종이다.

돈클라에리 Doncklaeri

겹꽃의 대륜형이며 3~4월에 개화한다. 붉은색 꽃잎에 하얀 무늬가 있는 단정한 화형이다. 유럽에서 오래전부터 인기가 높다. '티 가든Tea Garden', '마사요시Masayoshi'와 동일한 품종이다.

플래시라이트 Flashlight

홑꽃의 중륜형으로 2~3월에 개화한다. 흰색 꽃잎에 연한 분홍색 반엽이 들어간 품종으로, 1982년 오스트레일리아에서 육성했다.

골든 월드 Golden World

홑꽃의 중륜형으로 1~3월에 개화한다. 잎의 중앙에 무늬가 있는 반엽종으로, '긴세카이Kinsekai'와 동일한 품종이다.

고쇼구루마 Gosyoguruma

겹꽃의 중륜 모란형으로 3~4월에 개화한다. 일본에서 오래전부터 재배해온 품종으로, 성질이 강해 재배하기 쉽고 나무는 곧게 자란다.

하쿠로니시키 Hakuronishiki

겹꽃의 중륜형 혹은 대륜형이며 11~4월에 개화한다. 분홍색 꽃잎에 진한 분홍색 혹은 붉은색 무늬가 있다.

하나미 구루마 Hanami Guruma

홑꽃의 소륜형이며 3~4월에 개화한다. 연한 분홍색 꽃잎에 크고 작은 붉은 반점들이 있어 화려한 느낌이다.

히류 Hiryu

애기동백에서 육성한 품종으로 홑꽃의 대륜형이며 11~2월에 개화한다. 때때로 꽃의 흰 무늬가 사라지는 개체도 나타난다.

인젠 Inzen

홑꽃의 소륜 통형 또는 소륜 나팔형으로 2~4월에 개화한다. 화분에 식재해 분화용으로 많이 감상하는 품종이다.

가요이도리 Kayoidori

겹꽃의 중륜형 혹은 대륜형이며 1~4월에 개화한다. 흰색 또는 연한 분홍색 꽃잎에 진한 분홍색 무늬가 있다.

기쿠토우지Kikutouji

겹꽃의 중륜형이며 11~3월에 개화한다. 붉은 꽃잎에 구름 모양의 흰색 무늬가 있어 화려하다.

코킨란Kokinran

겹꽃의 대륜형으로 3~4월에 개화한다. 흰 바탕의 꽃잎에 붉은 반점이 있으며, 꽃은 모란형으로 개화한다.

고시노 후부키Koshino Fubuki

홑꽃의 소륜형 품종으로 9~4월의 긴 기간동안 개화한다. 꽃, 잎, 식물체가 소형이며 잎에 흰 무늬가 들어간 반엽이 특징이다.

레이디 라우라Lady Laura

겹꽃 중륜의 모란형으로 3~4월에 개화한다. 미국 플로리다주에서 1974년 T. E. 룬디T. E. Lundy가 발표한 품종이다.

만자이라쿠 Manzairaku

홑꽃의 극대륜형 품종으로 11~4월에 개화한다. 동백나무 가운데 꽃이 큰 품종으로, 개화 기간이 길고 서양에서 특히 인기가 높다.

메리 크리스마스 Merry Christmas

홑꽃의 중륜형으로 1~3월에 개화한다. 미국 캘리포니아주의 누치오 농장에서 1991년에 발표한 품종이다.

난토시보리 Nantoshibori

겹꽃의 소륜형으로 11~3월에 개화한다. 연분홍색 꽃잎에 흰 무늬가 있다. 나무는 직립으로 자라고 성질이 강건하다.

누치오스 주얼 Nuccio's Jewel

겹꽃의 중륜형으로 2~4월에 개화한다. 옅은 분홍색 꽃잎의 끝이나 옆에 분홍색 무늬가 흐릿하게 있다. 누치오 농장에서 육성한 품종으로, 화분에서도 잘 자라므로 분화용으로 많이 재배한다.

오키노나미 Okinonami

겹꽃의 중륜형 혹은 대륜형으로 3~4월에 개화한다. 분홍색 꽃잎에 붉은색 무늬가 있다. 꽃은 연꽃형으로 핀다.

폴 존스 슈프림 Paul Jones Supreme

반겹꽃의 대륜형으로 2~3월에 개화한다. 1968년 오스트레일리아의 E. G. 워터하우스가 육성해 발표한 품종이다.

퍼퍼레아 Purpurea

홑꽃의 소륜형으로 3~5월에 개화하며, 검붉은 꽃잎이 특징이다. '콘와비스케Konwabisuke'와 동일한 품종이다.

라우라 워커 베리게이티드 Raura Walker Variegated

겹꽃의 대륜형으로 2~4월에 개화한다. '라우라 워커Raura Walker' 품종의 붉은 꽃잎에 흰 반입 무늬가 있는 것이 특징이다.

시마노니시키 Shimanonishiki

겹꽃의 중륜형으로 2~4월에 개화한다. 연분홍색 꽃잎에 붉은 무늬가 세밀하게 나타난다. 꽃은 모란형으로 핀다.

시라타마시보리 Shiratamashibori

홑꽃 또는 드물게 나타나는 반겹꽃의 대륜형이며, 11~2월에 개화한다. 엽맥이 뚜렷하고 나무 성질이 강건하다.

쇼와 니시키 Shouwa Nishiki

홑꽃의 중륜형이며 3~4월에 개화하는데, 꽃은 통형 또는 나팔형으로 핀다. 잎은 긴 타원형이고 엽맥이 두드러지게 보인다. 성질이 강건하고 재배하기 용이한 품종이다.

선 Sun

홑꽃의 소륜형으로 3~4월에 개화한다. 잎에 노란색 무늬가 있는 반엽종班葉種이다. '다이요우Taiyou'와 동일한 품종이다.

트리컬러 Tricolor

반겹꽃의 중륜형 혹은 대륜형으로 3~4월에 개화한다. '에조 니시키Ezo Nishiki'와 동일한 품종이다. 꽃은 연꽃형으로 피고 화색 변이가 다양하다. 성질은 강건하고 수형은 곧게 자란다.

7

동백나무의 번식

종자를 이용한 실생 번식

채종

동백나무는 종자를 파종하거나 삽목揷木 · 접목接木 · 분주分株 등 다양한 방법으로 번식이 가능한데, 자가수분自家受粉, self polination을 싫어하므로 대부분 다른 개체의 꽃가루를 통해 수정된다. 따라서 동백나무 종자를 파종해 얻은 실생묘는 모본의 형질이 유지되지 않는 단점이 있으나, 적은 비용으로 대량 번식이 가능하고 새로운 품종을 육성할 수 있는 장점이 있다.

동백나무 종자는 10월경에 성숙해 열매가 벌어지는데, 이때 아직 벌어지지 않은 열매도 함께 수확한다. 수확한 열매는 그늘에서 보관하면 자연스럽게 열매가 벌어져 종자를 채종할 수 있다. 종자의 수명은 실온에서 저장하는 경우 이듬해 6월경까지 유지된다. 그러나 오랫동안 저장하지 말고 채종하자마자 곧바로 파종하는 것이 좋다. 이듬해 봄까지 저장한 종자를 파종하면 발아율이 떨어지거나 떡잎이 상한 묘가 나오는 경우가 많다. 또는 저장 과정에서 종자에 곰팡이가 피거나 너무 건조해 발아가 전혀 이루어지지 않는 경우도 종종 있기 때문

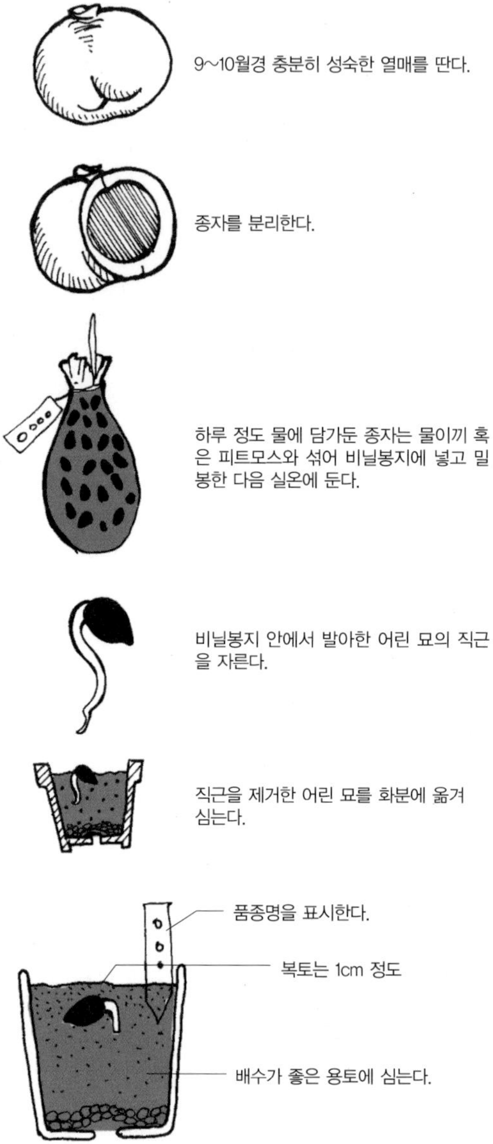

동백나무 종자를 간편하게 발아시키는 법

이다.

동백나무 종자는 파종하기 전에 흐르는 물에 충분히 세척해 표면에 묻어 있을 발아 억제 물질이나 이물질 등을 제거한다. 세척한 종자는 하루 정도 침종浸種: 씨를 뿌리기 전에 물에 담가 불리는 일시켜 물을 충분히 흡수하도록 한다. 그런 다음 미리 준비한 파종상에 파종한다. 복토는 약 1~1.5cm 두께로 하며, 항상 충분한 습기와 약 20~25℃가 유지되도록 환경을 조성한다. 파종 후 약 4개월 정도 경과하면 대부분의 종자가 발아한다. 외부 온도에 관계없이 파종상 온도를 25~27℃ 정온으로 높게 유지하면 발아 기간을 현저히 앞당길 수 있다.

실생묘의 이식과 관리

발아해 직근直根이 2~3cm로 발달한 실생묘는 한 주씩 화분에 옮겨 관리하는 것이 안전하다. 이렇게 화분에 옮겨 재배한 어린 묘의 직근을 이듬해에 약 2분의 1 길이로 절단해 다시 한 번 이식하면 세근 발달이 왕성하게 이루어진다. 뿌리를 절단한 묘가 세근 발달이 충분히 이루어지기까지는 약 1년 정도 걸린다. 시비는 이식한 후 약 1년 6개월이 지나 해주는 것이 안전하다. 밑거름으로 완효성 유기질 비료를 주고 때때로 액비물거름를 엽면葉面 시비하거나 관수와 더불어 시비한다.

어린 묘목은 반그늘에서 재배하는 것이 좋다. 너무 강한 햇볕은 오히려 생장을 저해하고 엽록소를 파괴해 잎이 누렇게 변한다. 이렇게 관리한 묘목은 빠르면 3년 정도 지나 개화주로 자란다. 실생으로 번식한 묘목은 꽃을 비롯한 식물체의 형질이 일정하지 않고, 모본이 지닌 꽃의 형태나 특성이 유지되지 않는 특징이 있다. 그러나 동백나무의 대량 번식과 육종을 위해 종종 시도하는 방법이다. 반대로 형질이 고르게 나타나는 동백나무 삽목 번식은 6월 하순~8월 하순경에 하는 것이 뿌리가 잘 내린다.

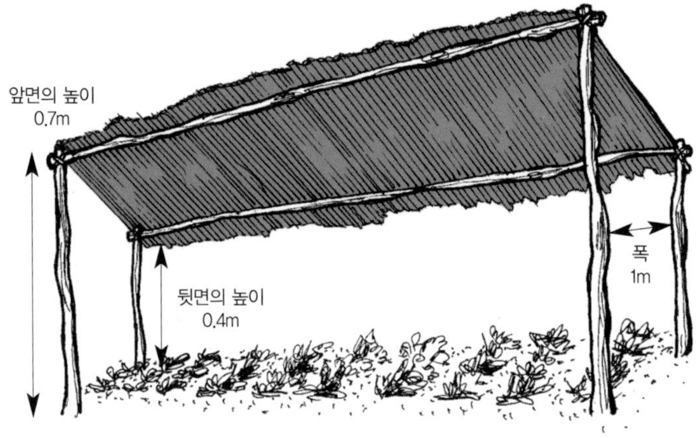

발아한 어린 묘를 위한 관리 재배 시설

영양 번식

동백나무는 대부분의 목본식물과 마찬가지로 삽목꺾꽂이, cutting, 접목접붙이기, grafting, 취목휘묻이, layering, 분주포기나누기, division 등 다양한 영양 번식이 가능하다. 특히 새로운 품종이 지속적으로 육성되고 있는 동백나무의 형질을 유지하기 위해서는 이 같은 영양 번식이 반드시 필요하다.

삽목

삽목 번식은 새로운 동백나무 품종 고유의 형질적 특성을 유지할 수 있을 뿐 아니라, 개화 연령도 앞당기는 장점이 있다. 삽목으로 번식한 묘는 보통 3~4년이면 개화주로 자란다.

삽목 시기

동백나무는 원래 기온이 따뜻한 아시아의 난대 지역에서 분화한 식물이므로 삽수가 발근發根: 뿌리가 남하는 데 적당한 지온은 20~25℃이다.

우리나라에서 이 정도 온도 조건이 유지되는 시기는 장마가 지속되는 6~8월경의 여름철이다. 이 시기의 동백나무는 그해에 발달한 신초가 어느 정도 굳어진 상태로 흔히 '반숙지삽목'이라 일컫는다. 반숙지삽목에 사용하는 삽수는 조직이 적당하게 굳은 상태로 작업 과정에서 다루기 쉽고 영양 상태도 충실해 발근율이 높다. 6월경의 장마철에 잎자루가 붙은 잎을 삽목하는 엽삽葉揷, 잎꽂이, leaf cutting을 하기도 하지만 발근율이 그리 높지는 않다. 보통 반숙지삽목에 의한 동백나무 삽수는 70일 정도면 충분히 발근이 가능하다. 발근한 식물체는 겨울철 추위가 닥치기 이전에 노지나 화분에 이식한다.

삽목 용토

동백나무는 간단히 화분에 삽목해도 발근이 가능하나, 별도의 삽목상에 삽목하는 것이 일반적이다. 삽목상은 35×55×15cm 크기의 플라스틱 직사각 형태로 가볍고 밑부분에 물이 잘 빠지도록 배수공을 갖춘 것이 좋다. 보통 이 정도 크기의 삽목상에는 80~100개 정도의 삽수를 꽂는다. 삽수를 꽂는 삽목 용토는 배수가 양호하고 적당한 통기성과 보습성을 갖춘 토양이 적합한데, 무엇보다 세균에 오염되거나 유해 물질이 없는 청결한 토양이어야 한다. 주변에서 얻을 수 있는 토양으로는 황토와 굵은 마사토를 혼합하거나, 인공 토양인 펄라이트와 버미큘라이트 혹은 피트모스를 혼합해 사용한다.

삽수 준비

삽수는 반드시 그해에 자란 신초에서 채취하되, 신초는 햇볕이 잘 드는 곳에서 자란 줄기에서 나온 1년생 햇가지로 적당히 굳은 상태가 좋다. 2년생 굳은 가지나 그늘에서 자란 신초는 적당하지 않으나, 3년생 가지에 옥신auxin류 식물 생장 조절 물질인 IBAindolebutric acid 40ppm을 처리해 65%의 발근율을 나타냈다는 연구 결과도 있다.

채취한 삽수는 당일 바로 삽목하는 것이 가장 좋으며, 곧바로 삽목할 수 없는 경우에는 습기가 유지되는 상태로 삽수를 밀봉하면 약 5일 정도 보관할 수 있다. 삽수는 청결하고 날카로운 칼이나 가위를 이용해 약 6~10cm 길이로 잎이 2~3장 붙어 있게 조제한다. 너무 짧거나 15cm 이상으로 너무 길게 조제하면 발근율이 현저히 떨어진다. 삽수의 윗부분은 반듯하게 수평으로 절단하며, 삽목상에 꽂히는 밑부분은 수분의 흡수 면적을 많게 하기 위해 비스듬히 절단한다. 조제한 삽수는 곧바로 실온의 깨끗한 물에 담갔다가 건져내어 물기를 제거한 후 삽목한다.

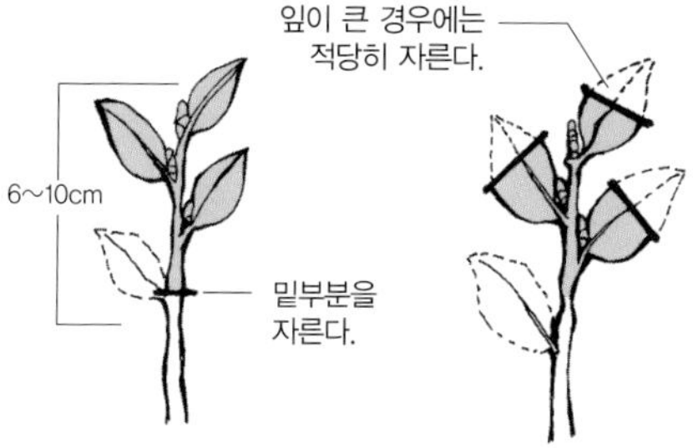

삽수의 준비

동백나무 삽수 조제

절단부는 매끈하게 비스듬히 절단

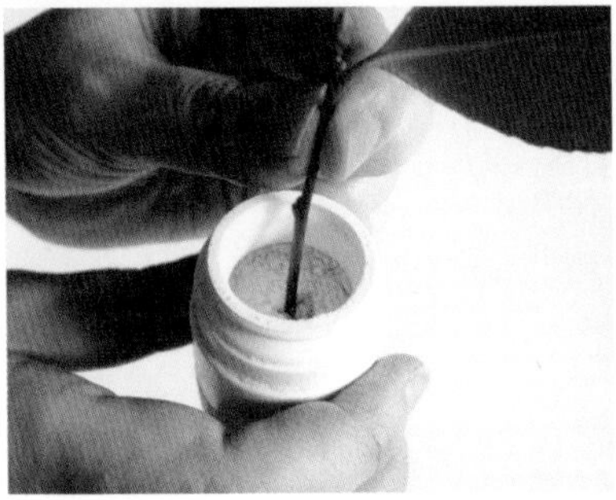

삽수의 밑부분에 발근 촉진제 처리

삽목상에 삽목

삽목 방법

삽목하기 전에 삽목상의 용토에 충분히 물을 주어 토양을 가라앉히는 것이 좋다. 식물 생장 조절 물질을 사용하는 경우에는 IAA 200ppm, IBA 40ppm, NAA 80ppm의 수용액을 삽수의 밑부분 절단 부위에 침지 처리하면 발근에 유리하다는 연구 결과가 보고되었다.

삽목은 삽수 전체 길이의 약 2분의 1 정도가 용토에 묻히도록 삽목상에 꽂는다. 꽂은 후 주변의 토양을 가볍게 눌러 삽수를 잘 고정한다. 이때 상록성 잎이 달린 삽수를 삽목하는 것이므로 서로 잎이 닿거나 잎이 용토에 묻히지 않도록 주의한다. 삽목이 끝난 삽목상에는 가볍게 물을 주어 삽수의 물 조임을 한다.

삽목 후 관리

삽목상은 지면에서 관리하기보다 지면에 벽돌이나 나무토막 등을 깔고 그 위에 올려놓는 것이 좋다. 관수할 때 물이 튀지 않으며 지면에서 해충이나 병균이 직접 올라오는 것도 방지할 수 있기 때문이다. 삽목한 후 발근이 진행될 때까지 1개월 정도는 바람이 강하지 않은 반그늘에서 삽목상을 관리하면 안전하다. 삽목 초기에는 매일 물을 주고 1개월 이후에는 발근이 진행되어 어느 정도 수분 흡수 능력이 생기므로 과다한 관수는 피한다.

6월 말경 장마철의 적절한 조건에서 삽목한 경우에는 1개월 정도이

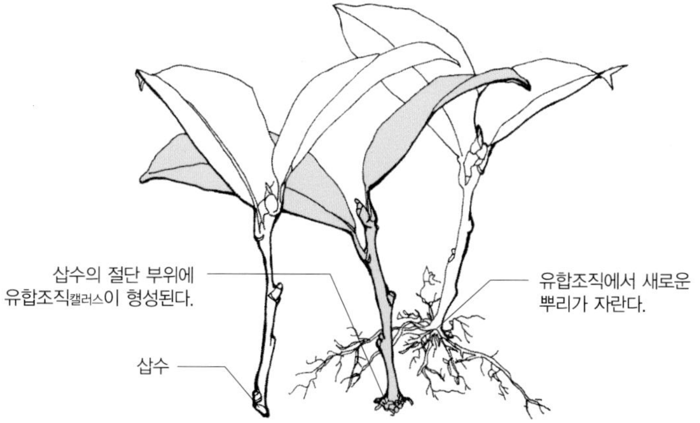

삽수의 발근 과정

면 충분히 발근이 가능하다. 삽목하고 약 3개월 정도 경과하면 800~1,000배 정도로 희석한 묽은 액비를 물을 줄 때 함께 시비한다. 발근한 어린 묘를 이식하는 것은 보통 삽목 1년 후에 하는 것이 안전하며, 장마철인 6월 하순~7월 중순경이 이식하는 데 적기이다. 1년 후에는 충분히 발근이 이루어지고 새로운 가지도 발달해 비닐 포트나 화분에 이식해도 활착活着이 가능한 상태가 된다.

접목

접목은 분리된 두 식물체의 조직을 연결해 하나의 식물체로 만드는 번식 방법이다. 접목을 통해 번식한 동백나무는 모본의 형질을 그대로 유지하고 개화 연령이 이른 특성이 있다. 아주 이른 경우에는 접목한 이듬해에 개화주로 성장하기도 한다. 품종이 다양하고 성질이 강건한 동백나무는 접목을 통한 번식이 많이 이루어진다.

접목으로 번식한 동백나무

접목 시기

동백나무의 절접切接: 대목의 껍질 부분과 재질 사이를 세로로 가르고, 거기에 접가지의 밑을 붙이는 접목법 시기는 1월 하순부터 가능하지만, 일반적으로 꽃이 진 직후인 3~4월과 생장기인 7~8월경에 주로 한다. 지름 약 1cm 정도의 동백나무 대목에 원하는 품종이나 종을 접목하는데, 비닐하우스 등 실내에서 주로 실시한다.

접목 방법

동백나무는 다른 목본식물에 비해 접목 후 활착률이 높은 수종이다. 대부분의 접목 방법으로 번식이 가능하지만, 접목 부위가 깨끗하고 활착률도 높은 절접을 많이 시행한다. 절접은 활착률이 높은 반면, 숙련된 접목 기술이 필요하고 시기가 중요하다. 또 동백나무는 다른 수목과 달리 대목root stock과 접수scion 간의 관다발vascular bundle 연결이 상대적으로 느린 식물이므로 접목한 이후에도 환경 조절과 그 외의

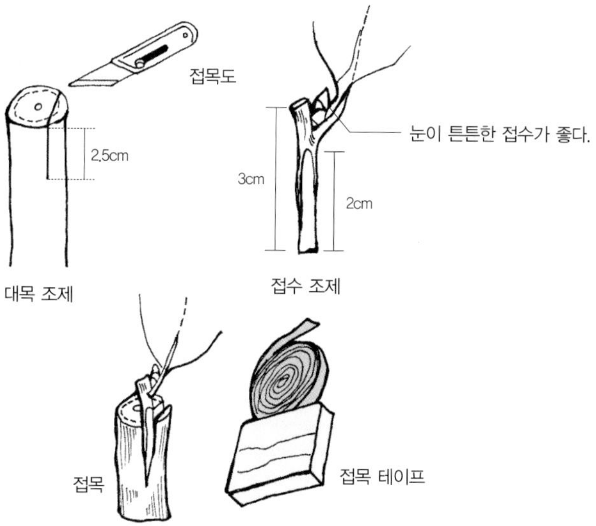

접목 준비물과 방법

세심한 관리가 필요하다. 접목 후 약 1개월 이상 경과해도 수분 이동이 원활하지 못한 경우가 많으므로 증산 억제와 습도 조절 등 지속적인 관리가 필요한 식물이다.

대목은 동백나무 삽목묘를 흔히 사용하지만 실생묘를 사용하기도 하는데, 번식한 이후 5~6년생이 가장 적당하다. 대목과 접수를 선별할 때는 병이나 해충에 오염되지 않은 충실한 개체를 고른다. 접수는 대목의 굵기에 비해 가늘고 너무 도장하지 않으면서 눈이 충실한 것이 좋다. 접목 요령은 대목과 접수의 형성층을 맞추어 접목한 후, 접목 테이프를 잘 감아주어 수분 발산을 억제한다.

취목

취목은 모체의 뿌리가 그대로 붙어 있는 상태에서 부정근不定根, 막뿌리을 생성시켜 번식하는 영양 번식법이다. 다른 번식법에 비해 번식 효율이 떨어지고 시간이 걸리는 단점이 있지만, 개체를 안전하게 번식시킬 수 있는 장점이 있다. 동백나무에서 흔히 이용하는 취목법은 높이떼기air layering라고도 일컫는 '공중 취목'이 적합하다. 공중 취목은 너무 어린 묘목보다 5년생 이상으로 어느 정도 자란 성목에 하는 것이 좋으며, 번식한 묘도 이용 가치가 높다.

취목 시기는 공중 습도가 높은 6~7월경 장마철이 가장 적당하다. 번식하고자 하는 가지를 길이 약 1cm 정도로 환상박피環狀剝皮: 굵은 가지의 겉껍질을 고리 모양으로 벗기는 일하거나 굵은 철사로 단단히 감은 후, 청결하고 젖은 물이끼로 감싸 비닐을 덮은 다음 비닐의 위아래를 잘 묶어 물이끼가 마르지 않게 한다. 이때 윗부분은 물이끼에 관수가 가능하도록 느슨하게 묶는 것이 요령이다. 비닐은 통기가 잘되도록 적당히 구멍을 내는 것이 좋다. 물이끼가 마르지 않도록 물을 주고 관리하면 비닐을 통해 부정근이 발생하는 것이 보이는데, 뿌리가 충분히 자랐다고 판단하면 모체의 가지에서 잘라 옮겨 심는다.

8

우리나라의 대표적 동백나무 자생지

인천광역시

옹진 대청도

우리나라에서 동백나무는 동해안, 서해안, 남해안을 따라 U자형으로 분포한다. 이러한 동백나무의 분포 영역에서 서해안의 대청도大靑島는 가장 최북단 자생지에 해당한다. 북반구의 온대 지역에서 고등식물이 분포하는 데 가장 큰 제한 요인이 겨울철 추위인데, 동백나무가 추위에 견딜 수 있는 한계선이 바로 대청도이다.

이같이 생육북한계선에 걸쳐서 자라는 식물은 주변 환경에 대한 적응력이 탁월하고, 성질이 상대적으로 강건한 특징이 있다. 그러므로 새로운 형질의 식물을 육종하기 위한 식물 유전자원으로 주목받는 경

우가 많다. 이런 이유로 대청도의 동백나무 자생지는 천연기념물 제 66호로 지정되어 있다. 행정구역상 주소는 인천시 옹진군 대청면 대청리 43-1 일대에 해당한다. 깎아지른 듯한 절벽 아래에 형성된 동백나무 자생지는 현재 옹진군에서 철저히 관리해 개화 상태가 좋은 편이다. 50~60년 전만 해도 많은 개체 수의 동백나무가 자연 군락을 이룰 정도로 무성했지만, 사람들의 남벌과 훼손으로 원래의 자생지 형태를 잃었다. 현재 철제 구조물을 둘러치고 보호하는 동백나무들은 대부분 인공으로 식재한 것들이다. 아직 수령이 어린 이유도 있지만, 겨울철의 낮은 기온과 강한 북서풍 영향을 받아 대부분의 개체가 흉고지름 15cm 내외 크기를 보인다.

보호지 내의 동백나무는 세 무리의 군식群植 형태로 자라는데, 한 군락에 대략 20~30그루 정도 자란다. 남해안 일대에 자생하는 동백나무에 비해 상대적으로 생육이 왕성하지는 않다. 그러나 《조선왕조실록》 정조 17년1739년의 기록에 의하면 "서해안 대청도와 소청도의 서남쪽 일대는 토양이 비옥하고 떡갈나무와 동백나무가 무성해 개간하여 전답으로 활용할 수 있다"라는 내용이 나올 정도로 이곳은 오래된 동백나무 자생지이다.

대청도는 동백나무 자생지 이외에도 때 묻지 않은 볼거리가 많다. 대청도 해안가의 모래는 매우 곱고 단단해 차가 다닐 수 있을 정도이며, 외국에서나 볼 법한 넓은 해안 사구가 발달했다. 바다를 배경으로 펼쳐지는 풍광도 수려하지만 대청도에만 자생하는 특산 식물도 아름답다. 대청부채*Iris dichotoma*는 붓꽃과의 다년생식물로 환경부에서 지정한 멸종 위기 식물 2급으로 이곳에서만 자생하며, 해안가 절벽에서 볼 수 있다. 원래 대청부채는 중국 중부의 허베이성을 비롯해 몽골, 만주, 시베리아 등지에 자생하는 식물이며, 서해를 통해 대청도에 유입된 것으로 추정한다.

● 대청도 가는 길은 인천항 연안여객터미널에서 배를 타고 소청도를 거쳐서 간다. 동백나무 자생지는 선착장 반대편의 서쪽 해안가에 형성되어 있으며 선착장에서 택시를 타고 갈 수 있다. 대청도 일대는 기상 변화가 심해 여객선이 결항하거나 지연되는 일이 빈번하므로 사전에 필히 확인해야 한다.

충청남도

서천 마량리

충남 서천군 마량리 산 14번지 일대의 동백나무 숲은 1965년에 천연기념물 제169호로 지정되었으며, 육지에서는 동백나무의 생육북한계선에 해당하는 곳이다. 동백나무 숲에서 가장 가까운 서산 측후소의 기후 자료에 의하면, 이 일대는 해양성 기후 특성을 나타내며 연평균 기온은 11.7℃로 위도가 비슷한 대전보다 약간 낮다. 또 여름철 가장 기온이 높은 8월의 월평균 기온이 25.0℃, 가장 추운 1월의 평균 기온은 영하 1.9℃로 연교차가 26.9℃에 이른다. 연평균 강수량은 1,232.1mm로 우리나라 중부 지방의 연평균 강수량과 비슷하지만, 강수량의 53%가 6~8월에 집중되어 있다.

이 지역은 여름철에는 남서 기류의 영향으로 습한 편이고, 겨울철에는 북서 기류의 영향으로 눈이 자주 와서 겨울철에도 공

중 습도가 적절히 유지된다. 이 같은 기후 특성으로 동백나무가 월동할 수 있으며, 자생지가 지속적으로 유지되고 있다.

마량리馬梁里 동백나무 자생지는 완만한 경사지의 구릉지로 이루어져 배수 상태가 양호하고, 일조량이 풍부하게 확보되며 강한 바람을 막아주는 좋은 입지 조건을 갖추고 있다.

이곳 동백나무는 남부 지방에 비해 개화 시기가 늦은 감이 있으나 대부분의 개체가 거의 동시에 개화하므로 봄철에 보다 화려한 동백나무 꽃을 볼 수 있다. 탁 트인 서해 경관과 봄철에 한꺼번에 개화한 동백나무의 모습이 어우러져 아름다운 경관을 연출한다. 계단을 따라 올라가는 언덕 위에는 동백정冬栢亭이라는 정자가 있어 주변을 조망하기 좋다.

마량리 동백나무는 강한 바람과 남부 지방에 비해 상대적으로 낮은 기온의 영향으로 수고가 약 3m 정도로 작은 편이며, 굵은 줄기가 지면으로부터 여러 개 갈라지고 많은 곁가지가 발달해 원형에 가까운 수형으로 자란다. 특히 군락의 층위가 단순하며 인위적으로 식재해 조성한 느낌이 난다. 개화 시기는 1월에도 드물게 피지만 4월 초순경이 만개 시기이다.

전설에 의하면 약 500년 전 마량리의 수군첨사水軍僉使: 조선 시대 종4품 벼슬의 무관가 꿈에서 바다 위에 떠 있는 꽃을 보았고 아침에 일어나 바닷가에 가보니 정말 붉은 꽃이 핀 식물이 있기에 가져와 심었는데, 그 식물이 동백나무 숲을 이루었다고 한다. 그 후 매년 음력 1월에 이곳에 모여 풍어제를 지내며 고기잡이에 재앙이 없고 만선하기를 기원했는데, 숲의 한쪽에 지금도 당집이 남아 있다.

동백나무 숲에서 주차장으로 내려오는 길은 아름드리 곰솔이 군락을 이루며 산책로가 조성되어 있다.

- 마량리 동백나무 숲 가는 길은 경부고속도로 대전 나들목에서 나와 논산 방향 68번 국도와 강경 방향 지방도 613번을 거쳐 서천으로 들어간다. 서해안고속도로를 이용하면 편리하며 춘장대 톨게이트를 빠져나온 후 곧바로 좌회전해 원두리 방향으로 좌회전한다. 중간에 안내 표지판이 없으므로 춘장대해수욕장 표지판을 보고 약 10km 정도 가면 서천화력발전소와 동백나무 숲 입구가 나온다. 용산역에서 장항선 철도 또는 수시로 운행하는 서천행 고속버스를 이용한다. 서천에서는 마량리 동백정 앞까지 시내버스를 운행하며 약 40분 정도 소요된다.

전라북도

고창 선운사

고창 선운사禪雲寺의 동백나무는 대웅보전에서 200~300m 뒤편에 있는 얕은 경사지에 수천 그루가 병풍과 같은 숲을 이루고 있다. 이 동백나무 숲은 천연기념물 제184호로 지정되었으며 전북 고창군 아산면 삼인리 500번지에 위치한다.

선운사는 대한불교조계종 제24교구의 본사로, 백제 위덕왕 24년577년에 검단檢旦 선사가 창건했다고 알려진 유서 깊은 사찰이다. 선운사에는 동백나무 이외에도 보물 제290호 대웅보전을 비롯해 보물 제279호 금동보살좌상, 보물 제280호 지장보살좌상, 보물 제1200호 도솔암 마애불, 보물 제803호 참당암 대웅전 등 많은 문화재가 잘 보존

되어 있다.

선운사 일대의 기후 조건은 정읍 측후소 자료를 바탕으로 연평균 기온 12.8℃, 연 강수량 1,286.2mm, 연평균 습도 74.2%, 평균 풍속 1.1m/s로 기후가 온화하고 습도가 유지되며 바람도 약한 편으로 동백나무의 생육에 적합하다.

선운사 동백나무는 흉고 지름 약 30cm 정도의 수령 500년 내외로 알려졌으며, 사람이 지속적으로 관리해 다른 식물의 유입이 거의 없는 순림의 군락을 유지하고 있다. 이곳 동백나무 숲은 산불로부터 사찰을 보호하기 위한 방화림 또는 열매에서 기름을 얻어 사용하기 위해 인위적으로 조성한 것으로 추정한다. 숲 속에는 이 지역의 동백나무 개화 시기를 매년 조사하는 관측 표준목을 지정해 관리하고 있다.

선운사의 동백나무는 4월 초순경 만개한 동백나무 꽃이 유명하지만, 주차장에서 선운사에 이르기까지 길 왼쪽으로 흐르는 도솔천을 비롯해 선운사, 동백나무가 자라는 도솔산 등산로 등 아름다운 자연을 만끽할 수 있는 볼거리가 많다. 도솔산을 오르는 중간에는 반자연 상태로 가꾸는 차밭도 군데군데 있어 더욱 운치가 있다.

선운사 동백나무의 아름다움은 많은 문인의 시나 노래 가사로 자주 회자되었으며, 선운사를 찾아가는 길에는 고창군 출신의 시인으로 한국의 시성이라고까지 일컫는 미당 서정주徐廷柱, 1915~2000년의 시비가 세워져 있다. 시비에는 1968년에 쓴 그의 대표 시 〈선운사 동구洞口〉가 새겨져 있다. 전라도 방언을 사용해 동백나무 꽃을 보지 못한 아쉬움을 총 6행의 자유시로 표현했다.

선운사 고랑으로
선운사 동백꽃을 보러 갔더니
동백꽃은 아직 일러 피지 않았고
막걸릿집 여자의 육자배기 가락에
작년 것만 오히려 남았읍디다.
그것도 목이 쉬여 남았읍디다.

- 〈선운사 동구〉, 서정주

선운사를 배경으로 한 또 다른 시는 김용택金龍澤, 1948~의 〈선운사 동백꽃〉이다. 이 시는 1998년에 출간한 《그 여자네 집》에 수록된 시로, 추운 겨울에 사랑한 여자에게 버림받은 실연의 아픔을 붉은 동백나무 꽃과 대조해 비장미의 극치를 보여주는 작품이다.

여자에게 버림받고
살얼음 낀 선운사 도랑물을
맨발로 건너며
발이 아리는 시린 물에
이 악물고

그까짓 사랑 때문에
그까짓 여자 때문에

다시는 울지 말자
다시는 울지 말자
눈물을
감추다가

동백꽃 붉게 터지는
선운사 뒤안에 가서
엉엉 울었다.

- 〈선운사 동백꽃〉, 김용택

- 선운사 가는 길은 서해안고속도로를 이용해 선운사 IC로 진입하는 것이 가장 편리하다. 또는 호남고속도로 정읍 IC에서 좌회전해 약 1.5km 가면 22번 국도와 29번 국도의 갈림길인 주천 삼거리가 나타나고, 여기에서 22번 국도를 이용해 약 6km 정도 더 가면 선운사 도립공원 주차장이 나온다. 개인 차량은 선운사까지 진입할 수 없으며, 공원 입구의 공영 주차장에 주차하고 걸어서 올라가야 한다. 서울 용산역에서 KTX나 일반 열차를 타고 정읍에서 내리거나, 고속버스로 정읍이나 고창까지 간 후 수시로 운행하는 선운사행 버스를 이용해도 된다.

전라남도

여수 오동도와 향일암

매년 3월 중순이 되면 전남 여수시 수정동 1번지의 오동도梧桐島에는 동백나무 꽃이 화려하게 피어 이 시기 여수에 가면 온 도시가 동백나무 꽃으로 넘쳐난다. 가로수로 심은 동백나무도 꽃을 피우고 동백나무 화분으로 장식한 오동도의 방파제에는 풍물놀이를 비롯한 각종 공연도 펼쳐진다. 동백나무로 만든 각종 상품의 전시와 판매, 동백나무 심기, 동백 가요제 등 다양한 행사가 열리기도 한다. 전국에서 모여든 관광 인파로 여수가 가장 붐비는 시기이다.

동백나무로 유명한 여수 오동도는 길이 768m의 방파제로 육지와 이어져 있으며, 나지막한 구릉지로 이루어진 면적 0.12km^{2}의 섬이다. 오동도의 방파제는 '한국의 아름다운 길 100선'에 선정될 정도로 바다 경관과 잘 어우러져 운치가 있다. 기암절벽으로 이루어진 경관이 수려한 오동도는 주변 바다와 더불어 1968년 한려해상국립공원으로 지정되었다. 오동도에는 100과 총 418여 종의 식물이 자생하는 것으로 보고되었으며, 약 3,000그루의 동백나무가 우점한다. 섬 전체에 미로 같은 산책로를 조성해놓아 산책은 물론 자연을 관찰하기도 편리하다. 바다를 향해 탁 트인 파노라마 같은 경치와 섬 전체에 현란하게 피고 떨어지는 생동감 넘치는 동백나무 꽃을 보노라면 신석정辛夕汀, 1907~1974년의 〈오동도엘 가서〉라는 시가 생각난다.

오동도엘
갈거나!
오동도엘
가서
숱하게
동백꽃 웃음소리
들을거나!

시나대 숲을 돌아가면
시나대보다 높은
바다가 일렁이고
일렁이는 바다로
노을 비낀 속에
동백꽃 떨어지는 소릴 들을거나!

- 〈오동도엘 가서〉, 신석정

여수에서 동백나무로 유명한 지역은 오동도 외에도 돌산도의 향일암向日庵 일대가 있다. 여수시 돌산읍 율림리 산 7번지에 자리 잡은 향일암은 임진왜란 때 소실된 것을 숙종 41년1715년에 중건한 사찰이다. 여수 시내에서 돌산대교를 건너면 돌산도인데, 여기서 17번과 7번 국도를 따라 섬 끝까지 가면 향일암이 나온다. 향일암은 매년 새해의 해맞이 장소로 널리 알려진 곳이기도 하지만, 일대의 동백나무 군락도 유명하다.

동백나무는 향일암을 오르기 전 오른편 경사지에 넓게 분포하며 도로에서 임포항을 내려다보는 사면에도 많은 동백나무가 자라고 있다. 향일암 일대는 토양 기반이 단단한 암반으로 이루어져 동백나무도 키가 작고 가지가 여러 개로 분지해 자라는 특성이 있다.

여수는 남해안 기후대에 속하며 연평균 기온 14.1℃, 연평균 습도

68%, 연 강수량 1,407.5mm, 평균 풍속 3.9m/s로 온화하고 습도가 높은 특성이 있어 다른 자생지와 마찬가지로 동백나무의 생육에 적합한 조건이다. 여수에서 동백나무가 만개하는 시기는 매년 다르지만 대략 3월 초 · 중순경이다.

● 오동도 가는 길은 호남고속도로 완주 JC에서 17번 국도를 이용하거나 남해고속도로 순천 IC를 빠져나와 17번 국도를 타고 여수시를 통해 여수엑스포역을 지나면 오동도 방파제 입구 공영 주차장이 나타난다. 향일암은 17번, 7번 국도를 이용해 돌산대교를 건너 죽포 삼거리에서 좌회전한다. 향일암에는 주차장이 없으므로 시내버스 종점 인근에 주차하거나 향일암에 오르기 전 공터에 주차할 수 있다. 여수행 기차나 고속버스를 타고 여수에서 내려 오동도 혹은 향일암행 시내버스를 이용해도 된다.

진도 첨찰산

우리나라에서 세 번째로 큰 섬인 진도는 남해안에 위치하는 만큼 섬 곳곳에서 동백나무를 쉽게 볼 수 있다. 상록수림이 우거진 숲 가장자리에는 어김없이 한두 그루의 큰 동백나무가 자리하며, 대부분의 집 마당에도 동백나무가 자라고 있을 정도이다.

《고려사高麗史》 세가世家에도 원종 12년1271년에 "진도와 남해 등지에서 비자나무와 동백나무의 열매를 얻을 수 있다"라고 기록되어 있다 당시에 비자나무*Torreya nucifera* 열매는 비자榧子라 하며 구충제와 위장 질환에 사용했고, 동백나무 열매는 기름을 짜는 데 매우 유용했다. 이 기록으로 보아 진도의 동백나무는 일찍부터 전국적으로 널리 알려진 것으로 추측할 수 있다.

동백나무의 흐드러진 꽃을 제대로 볼 수 있는 곳은 첨찰산尖察山 일대로, 첨찰산은 해발 485m로 진도에서 가장 높은 산이다. 전남 진도군 의신면 사천리 일대에 자리한 첨찰산에는 천연기념물 제107호로 지정된 상록수림이 있고, 신라 문성왕 때 도선道詵 국사827~898년가 창

건했다고 알려진 유서 깊은 쌍계사雙溪寺가 있다. 동백나무는 쌍계사 옆 개울가의 햇볕이 적당히 드는 곳에서 쉽게 볼 수 있으며, 경내의 대웅전 앞과 절 주변에도 큰 나무가 있어 매년 풍성하게 꽃을 피운다.

첨찰산 전체에서 동백나무를 볼 수는 없지만 해발고도 82~146m 저지대의 햇볕이 적절히 유지되는 곳에서 자연적으로 형성된 군집을 볼 수 있다. 보통 계곡부와 같이 다른 상록활엽수가 자라지 못하는 곳이나 숲 가장자리에서 대부분의 동백나무가 자라고 있다. 이 일대는 천연기념물로 지정된 지역으로 자연보호가 철저하게 이루어지므로 왕성하게 성장한 교목성 상록활엽수 때문에 동백나무는 상대적으로 불리한 조건에 있는 것으로 추측한다.

쌍계사와 인접한 운림산방雲林山房에도 주변부를 비롯해 넓은 정원에 조경을 위해 인위적으로 식재한 동백나무가 많다. 첨찰산의 기상대에 오르는 도로변 좌우에도 동백나무가 자연 군락을 형성하고 있다. 도로변 동백나무 군락의 상층부 교목층에는 아름드리 붉가시나무가 높은 피도被度: 식물 군집을 구성하는 각각의 종류가 지표면을 차지하는 비율로 자라고 있다. 붉가시나무 흉고 지름은 대부분 약 60cm 이상이며 수고도 높게 자란다. 2월 하순부터 3월에는 이 지역의 동백나무가 지속적으로 피고 지고를 거듭해 매우 아름다운 경관을 연출한다. 그러나 동백나무 개화가 이르게 나타나는 대부분의 남부 지방과 마찬가지로 개화 시기가 일정하지 못하고, 4월 중순까지 개화와 낙화가 동시에 나타나는 현상을 볼 수 있다.

진도는 연평균 기온 11.7℃, 연 강수량 1,568.5mm, 상대 습도 78.2%로 주변 지역에 비해 강수량과 습도가 높은 편이다. 이 같은 기후 환경은 겨울철 동백나무가 월동하고 생육하는 데 적합한 조건으로, 진도 곳곳에서 관상수로 식재해 가꾸고 있는 동백나무를 많이 볼 수 있다.

- 진도 가는 길은 서해안고속도로를 이용해 목포 IC로 나와 77번 국도를 타고 진도대교를 거치는 것이 일반적이다. 기차는 용산역에서 호남선을 이용해 광주 혹은 목포에 도착한 뒤, 수시로 운행하는 진도행 버스를 타면 된다. 진도공용버스터미널에서 첨찰산까지는 2~3시간 간격으로 군내버스가 운행한다. 목포에서 진도까지는 버스로 1시간 정도, 광주에서는 약 2시간이 소요된다. 국토의 남단에 위치한 진도까지 자가 운전이 번거로운 사람은 KTX를 타고 목포에서 내린 뒤 역 앞에서 차를 빌려 진도를 둘러보는 방법도 괜찮다.

해남 대흥사

전남 해남군 삼산면 구림리 9에 자리한 두륜산頭崙山 대흥사大興寺의 동백나무는 입구부터 약 1km 이상 이어진다. 봄이 되면 길 옆으로 흐르는 계곡을 따라 울창하게 형성된 숲 가장자리에 동백나무가 붉게 꽃을 피운다. 아직 나무가 굵지는 않지만 높은 밀도로 일시에 개화하므로 장관을 연출한다. 대흥사 가는 길은 이른 봄의 동백나무뿐 아니라 양쪽으로 펼쳐진 울창한 숲길 또한 유명하다.

대흥사는 해남의 두륜산 자락에 자리한 오래된 사찰로, 신라 진흥왕 5년544년에 창건했다고 알려져 있으나 확실하지는 않다. 임진왜란 때 승병장이던 서산西山 대사1520~1604년의 활동 중심지로 알려져 있기도 하다. 한반도의 끝자락에 있는 해발 703m의 두륜산은 우리나라 백두대간의 대표 산인 백두산白頭山의 '두頭'와 중국 곤륜큰륜산맥의 가장 신령스러운 산인 곤륜산崑崙山의 '륜崙'을 조합해 이름을 지었다고 한다.

1979년에 전라남도 도립공원으로 지정되었으며, 부드러운 산세가 멀리 바다 경관과 잘 어우러져 조화를 이룬다.

대흥사는 대둔사大芚寺라고 부르기도 해 간혹 별개의 사찰로 착각하는 경우도 있다. 남도에 위치하는 사찰답게 절 곳곳에 동백나무를 많이 식재해 봄이 되면 아름다운 풍경을 자아낸다.

해남군 일대는 겨울철에 차고 건조한 북서계절풍이 부는 대륙성 기후이지만, 여름철에는 일교차가 상대적으로 적고 습기가 많은 해양성 기후가 나타난다. 연평균 강수량은 1,360.2mm로 남해안 다우 지역에 속하며 6~8월 여름철 강수량의 약 50% 이상이 집중된다. 연평균 기온은 13.3℃로 온화하며, 연평균 풍속은 1.9m/s로 바람은 약한 편이지만 바다에 접해 있어 가끔 돌풍 현상이 나타나기도 한다. 해남 대흥사 일대의 기후 조건도 우리나라 남부의 다른 해안 지역과 마찬가지로 동백나무 생육에 적당한 온화하고 높은 공중 습도가 유지되는 전형적 지역이다.

● 대흥사 가는 길은 서해안고속도로 목포 톨게이트에서 빠져나와 2번 국도를 이용해 영암 방향으로 가다가 영암 방조제 앞에서 49번 지방도로와 18번 국도를 통해 해남까지 간 후, 906번 지방도로를 이용한다. 전국의 해남행 고속버스를 타고 해남에 도착해 터미널에서 30분 간격으로 운행하는 군내 버스를 타고 대흥사 매표소 입구까지 가는 방법도 있다. 기차는 조금 번거롭지만 광주역이나 나주역에 하차해 해남행 시외버스를 탄 후 터미널에서 대흥사 입구까지 군내버스를 이용한다.

강진 백련사

남도의 끝자락 만덕산萬德山에 형성된 백련사白蓮社의 동백나무 숲은 《조선왕조실록》 세종지리지에 "전라도 나주목 강진현의 백련사에 소나무, 잣나무, 대나무와 더불어 울창한 동백나무 숲이 있다"라고 기록되어 있을 정도로 예부터 유명하다.

백련사는 전남 강진군 도암면 만덕리 246번지에 위치하며, 신라 문성왕 때 무염無染 국사801~888년가 창건했다고 알려진 사찰이다. 사찰 주위의 울창한 동백나무 숲천연기념물 제151호도 유명하지만, 백련사는 그 역사만큼이나 유서가 깊다. 고려 고종 3년1216년에 천태종의 승려 원묘圓妙 국사1163~1245년가 당시 혼란스러운 사회와 불교에 대한 자각과 반성을 촉구한 신앙 결사인 '백련결사'를 벌인 곳이기도 하다. 백련사라는 사찰명은 주변의 지형이 활짝 핀 연꽃을 감싸 안은 듯한 모습에서 연유했다고 전해진다.

백련사 동백나무 숲은 수령이 오래된 동백나무가 매우 높은 밀도로 군락을 이루고 있다. 절 뒤편을 비롯해 강진만 바다를 내려다보는 절

앞에도 울창한 숲을 형성하고 있다. 그러나 병충해를 입었거나 생육이 불량한 나무들도 일부 볼 수 있다. 천연기념물로 지정된 탓에 함부로 손대지 못하는 이유도 있겠지만, 숲 관리가 적절하게 이루어지지 않은 탓도 있다.

충분히 자란 동백나무는 적당히 햇볕을 받아야만 개화 상태가 좋다. 따라서 밀도가 너무 높은 상태에서 자라는 동백나무는 적당히 간벌間伐을 해주어야 하고, 서로 겹치면서 마구잡이로 자란 가지는 잘라주어야 햇볕이 들고 바람이 통한다. 실제로 백련사의 동백나무 숲에는 많은 개체 수의 동백나무가 자라고 있지만, 숲 가장자리에 있는 동백나무만이 개화 상태가 좋은 것을 볼 수 있다.

백련사 인근에는 다산 정약용丁若鏞, 1762~1836년이 18년간 유배 생활을 하면서 지낸 다산초당茶山草堂이 있다. 백련사와 다산초당을 잇는 산길은 호젓한 숲 속 문화생태탐방로로 정비되어 약 30~40분이면 걸어서 갈 수 있다. 실제로 다산은 매일 이 길을 걸어 백련사에 들러 주지 혜장惠藏 선사1772~1811년와 차를 마시며 유배 생활의 외로움을 달랬다고 한다.

- 백련사 가는 길은 서해안고속도로를 이용해 목포까지 간 후 2번 국도로 영암·강진 방향으로 약 1시간 정도 가면 강진에 도착한다. 또 호남고속도로를 이용해 광주 톨게이트를 거쳐 동림 IC 못 미친 지점에서 나주 가는 길로 빠져나와 13번 국도로 접어들어 나주, 영암을 거쳐 2번 국도를 타고 강진까지 간다. 강진읍으로 가기 전 18번 국도로 우회전해 1km 정도 가면 백련사 입구의 다산로가 나온다.
  기차나 버스로 광주에 도착해 강진까지 직행버스를 타면 1시간 30~40분 정도 걸린다. 서울이나 부산에서는 강진행 직행버스가 있다. 강진읍 버스터미널에서 백련사행 시내버스가 1~2시간 간격으로 하루 10회 운행하며 택시를 이용할 수도 있다.

완도 보길도

보길도甫吉島는 남해안의 다도해해상국립공원에 자리 잡은 섬으로, 행정구역상 전남 완도군 보길면 부황리 202에 위치한다. 섬 주위에는 노화도, 소안도, 청산도, 예작도, 장사도 등 크고 작은 섬이 있다. 면적은 약 19.3km²로 서울 여의도의 약 2.5배가량 된다. 해안선은 굴곡이 심하며 암석 단구의 가파른 절벽으로 이루어진 곳이 많다.

보길도 기후는 온화하고 공중 습도가 충분해 어느 곳을 가더라도 동백나무를 쉽게 볼 수 있다. 윤선도가 부용동芙蓉洞 정원에 지은 정자 세연정洗然亭의 앞뒤로 잘 가꾼 수고 2.5m가 넘는 동백나무들이 빽빽하게 자라는 것을 볼 수 있다. 3월이 되면 세연정 앞 연못에 떠 있는 동백나무 꽃잎이 더없이 아름다운 풍경을 연출한다. 세연정부터 부용

리 마을 어귀까지 이르는 길가에도 동백나무가 많이 자라고 있다. 햇볕이 잘 드는 만큼 꽃도 화려하게 피고 바닥에 흐드러지게 떨어진 꽃잎조차도 아름다운 곳이다.

공룡알처럼 크고 둥글둥글한 갯돌이 해안에 깔려 있어 '공룡알 해변'으로도 알려진 보길도의 남쪽 해안 부황리 해변의 방풍림으로 식재한 동백나무 인공 군락도 수령이 오래되고 밀도가 높아 봄의 개화기에는 장관을 이룬다. 천연기념물 상록수림천연기념물 제40호과 감탕나무천연기념물 제338호가 있는 예송리해수욕장 배후의 동백나무도 유명하다. 까만 몽돌로 이루어진 해변의 경치는 붉은 동백나무 꽃을 더욱 돋보이게 한다.

- 보길도 가는 길은 서해안고속도로의 목포 톨게이트를 빠져나와 2번 국도와 13번 국도를 이용해 완도로 진입한 후, 우측 827번 지방도를 통해 화흥포에 도착한다. 완도까지는 호남고속도로를 이용해 광주에서 나주, 영암, 강진을 거쳐 접근하는 방법도 있다.
대중교통을 이용해 광주까지 가면 완도행 직행버스가 30분 간격으로 있으며, 화흥포까지 운행하는 버스도 있다. 화흥포항에서 하루 8회 운항하는 보길도행 배를 이용해 보길도 중리 또는 청별 선착장에서 하선한다. 배에는 자동차도 실을 수 있으며, 2008년 노화도와 보길도 사이에 보길대교가 완공되어 노화도에서 자동차로 들어갈 수도 있다.

경상남도

울산 목도

섬의 형태가 사람의 눈을 닮았다 하여 목도目島라 부르는 이곳은 동백나무가 많이 자란다고 해 춘도椿島라고도 한다. 예전에는 화살을 만드는 대나무를 이곳에서 채취했다 하여 죽도竹島라고도 했다. 목도의 동백나무는 오래전부터 매우 유명해《조선왕조실록》의 세종지리지에 "경상도 경주부 울산군의 남쪽에 동백도冬柏島가 있다"라고 기록되어 있을 정도이다.

목도는 행정구역상 울산시 울주군 온산읍 방도리 산 13번지로, 육지에서 약 300m가량 떨어져 있으므로 배를 타야만 들어갈 수 있다. 온산국가산업단지에서 동쪽 해안으로 지척의 거리에 있는 면적 1만 5,048m² 규모의 작은 크기로, 울릉도를 제외한 동해안 섬 가운데 유일한 상록활엽수림 섬으로 인정받아 1962년 천연기념물 제65호로 지정되었다. 1980년대 말까지 목도는 영남 지역의 유명한 관광지였으나, 현재는 생태계를 보전하기 위해 출입이 금지되어 있다.

현재 목도에는 약 700여 그루의 동백나무가 자생하며 이 가운데 약 170그루는 수령이 상당한 성목으로 확인되었다. 섬 안에는 동백나무 이외에도 곰솔, 후박나무, 사철나무, 다정큼나무, 송악, 팽나무, 자귀나무, 쥐똥나무, 찔레나무, 구기자나무, 멍석딸기 등의 상록활엽수들이 함께 자생한다. 울산의 연평균 기온은 13.5℃로 인근의 부산보다 상대적으로 낮고, 포항보다 다소 높은 편이다. 연 강수량은 1,272.4mm, 평균 풍속 2.2m/s, 연평균 습도 67.5%로 바람이 다소 많이 부는 특성이 있다. 목도의 토양은 장기간 사람의 출입을 제한한 까닭에 지표면에 쌓인 낙엽이 충분히 부식되어 식물의 생육에 좋은 영향을 미치는 입단화가 된 상태이다.

목도의 동백나무는 1월부터 개화하기 시작해 4월 초·중순에 만개한다. 조선 성종 때 편찬한 지리서 《동국여지승람》에는 "동백도가 군울산 경상좌도 병영성 남쪽 30리 거리에 있고, 동백나무가 섬에 가득해 그 이름이 붙여졌다冬柏島在郡南三十里冬柏滿島故名"라고 기록되어 있다. 또 고문헌의 대부분에서 목도를 동백도동백섬로 표기한 것을 볼 수 있다. 따라서 최근 학계와 시민을 중심으로 일제강점기의 잔재인 목도 혹은 춘도를 '동백섬'으로 이름을 바꿔야 한다는 주장이 지속적으로 제기되고 있다.

학술 조사 혹은 특정한 목적 이외에 개인적으로 목도에 들어가는 것은 쉽지 않다. 섬 전체가 천연기념물이므로 문화재청의 승인을 받아 울산시의 담당자가 동행해야만 섬에 들어갈 수 있다. 그러나 지정된 목도의 휴식년제가 끝나면 일반인도 자유롭게 들어갈 수 있는 기회가 올 것으로 본다.

● 목도 가는 길은 경부고속도로 언양 JC를 거쳐 부산-울산고속도로의 울산 IC 혹은 문수 IC로 빠져나와 온산국가산업단지까지 간다. 또는 기차나 고속버스로 울산까지 가서 택시를 타고 온산국가산업단지까지 간다. 관광지가 아니므로 일반 대중교통은 운행하지 않으며, 정기적인 배편도 없으므로 특정한 목적으로 들어갈 경우 개인이 직접 배를 섭외해야 한다.

거제 지심도

경남 거제시 일운면 지세포리의 지심도只心島는 동백나무로 유명해 현지에서는 '동백섬'으로 부른다. 우리나라 남해안 일대에서 동백나무 개체 수는 물론 수령이 오래된 노거수가 많은 곳이 지심도이다. 이곳은 전체 면적이 0.36km²에 불과한 작은 섬으로 총 면적의 60% 이상에서 동백나무가 자라고 있는데, 지심도 일주 도로가 조성된 사면에 대부분의 개체가 군락을 이루고 있다. 지심도라는 이름은 하늘에서 내려다본 섬 모양이 마음 심心 자를 닮았다 하여 붙여졌다고 한다.

지심도의 동백나무 군락은 선착장에서 섬 중턱 쉼터까지 이어지는 오솔길의 사면부터 시작된다. 높은 밀도로 무성하게 자란 동백나무는 햇빛을 받기 위한 경쟁으로 수간나무의 줄기이 가늘고 절간부마디의 만

곡도 심하지만, 많은 개체 수가 동백나무 터널을 이루고 있다. 한창 개화할 때는 이 오솔길에 떨어진 꽃들이 쌓여 붉은 꽃을 밟지 않고는 길을 걸을 수 없을 정도이다. 11월 하순이면 꽃이 피기 시작하지만 역시 개화 절정기는 3월 중순이다.

거제도의 연평균 기온은 13.9℃, 평균 습도 67.5%, 연 강수량 1,797.1mm, 평균 풍속 1.8m/s로 기후가 온화하고 강수량이 많아 습도가 높은 편이다.

지심도는 원래 낚시꾼들에게는 널리 알려진 섬이지만, 동백나무가 꽃을 피울 즈음엔 많은 관광객이 찾아온다. 면적이 좁으므로 동백나무를 감상하면서 천천히 둘러보아도 2~3시간이면 섬 전체를 다 돌아볼 수 있다. 안내판이 곳곳에 설치되어 섬 안에서 헤매지 않고 다양한 경치를 감상할 수 있다. 일제강점기의 포진지 흔적과 일본군이 사용

한 낡은 집도 고스란히 남아 있다.

지심도는 동백나무뿐 아니라 빼어난 해안 경관도 조망할 수 있으며, 바닷물에 의해 형성된 깎아지른 듯한 해식애海蝕崖 절벽을 비롯해 곰솔, 후박나무, 육박나무, 대나무 등의 울창한 숲은 원시의 자연을 느끼게 한다.

- 지심도 가는 길은 경부고속도로에서 대전-통영간고속도로를 거쳐 통영 IC로 나와 14번 국도를 이용해 약 30km 가면 장승포항이 나온다. 부산에서는 연안여객선을 이용해 장승포까지 가면 장승포항 여객선터미널에서 약 800m 거리에 별도의 지심도행 여객선터미널이 있다. 부산에서 장승포까지는 시외버스도 자주 운행한다. 유람선으로 약 10분이면 지심도에 도착하며, 하루 5회 운항하지만 별도로 낚싯배를 빌려서 갈 수도 있다.

통영 수우도

남해안에서 거제시 지심도 이외에 '동백섬'으로 불리는 섬이 또 있다. 행정구역상 경남 통영시 사량면 돈지리에 해당하는 수우도樹牛島이다. 수우도는 인근의 사량도와 약 3km 떨어진 작은 섬으로, 나무가 많고 섬 모양이 소를 닮았다 하여 이런 이름이 붙었다. 섬에는 곰솔, 소사나무, 동백나무, 감탕나무, 광나무 등의 울창한 숲이 형성되어 있다. 면적 1.51km²에 인구 50여 명의 아주 작은 섬이지만, 한려해상국립공원과 남해를 잇는 수로의 요지에 위치하며, 낚시꾼들에게는 이미 널리 알려진 곳이다.

멀리서 보면 거대한 바윗덩이가 바다에 떠 있는 듯하며, 해안가 절벽은 경남 지역에서는 보기 드문 암벽 등반 코스로 인기가 높다. 봄이 되면 이 기암괴석의 바닷가 암벽 위로 동백나무 군락이 일제히 꽃을 피우는 장관을 연출한다. 자연이 크게 훼손되지 않고 잘 보존되어 수령이 오래된 큰 동백나무가 많다. 특히 섬에서 가장 높은 은박산의 남쪽과 동쪽의 사면부에 오래된 동백나무가 군락을 이루고 있다. 섬을

일주하는 등산로를 따라 걷다 보면 은박산 정상189m을 거쳐 하산하는 길에서 잘 볼 수 있다. 200m가량의 등산로는 울창한 동백나무 터널로 이루어져 있다. 그러나 하산하는 등산로는 경사가 급하고 울창한 숲에는 이정표가 없으므로 길을 잃지 않도록 주의해야 한다.

수우도는 완만한 능선과 암벽을 따라 섬을 일주할 수 있으며, 동백나무뿐만 아니라 암벽 사이로 보이는 다도해의 수려한 바다 경관도 조망할 수 있다. 섬의 남쪽 해안은 경사가 급한 절벽이 형성되어 있고, 선착장과 수우마을이 있는 북쪽은 넓은 평지로 이루어져 있다. 흉고지름 50cm 정도의 동백나무 노거수가 마을 옆 우물가에서 자라는데, 3월 초 동백나무 만개기에는 장관을 이룬다.

지역 특산물로 흑염소가 유명한데, 염소 방목지에서는 동백나무 잎과 어린 줄기를 먹이로 삼은 탓에 나무가 많이 훼손되었다. 수우도는 동백나무 이외에 '고래바위', '해골바위', '매바위', '여근바위', '신선대' 등 다양한 모양의 기암괴석과 남해안의 푸른 바다가 유명하다.

- 수우도 가는 길은 남해안고속도로 사천 IC를 빠져나와 3번 국도를 거쳐 삼천포항에 도착하면 여객선터미널 앞 선착장에서 하루 2회 정기적으로 배가 운항하는데 약 35분~1시간 30분 정도 걸린다. 또는 통영에서 사량도로 가는 배를 타고 사량도 금평에서 하선해 돈지로 이동한 후, 수우도행 여객선을 타거나 개인 어선을 빌려서 갈 수 있는데 약 20분 걸린다. 수우도와 사량도행 정기선은 일반 여객선터미널과는 500m가량 떨어진 수협 앞 선착장에서 출발한다.

부산광역시

부산 동백섬

부산에서 동백나무로 유명한 곳은 해운대의 동백섬이다. 《조선왕조실록》의 세종지리지에도 "경상도 경주부 동래현 해운대에 동백나무와 두충나무가 울창하다"라고 기록되어 있다. 동백섬은 원래 섬이었으나 주변에서 내려온 모래와 자갈이 퇴적되어 육지와 연결되었다.

동백섬을 비롯해 해수욕장, 해안선 등이 아름답기로 유명한 해운대는 원래 동백섬에서 지명이 유래했다. 신라 말기의 대학자이던 최치원崔致遠, 857~?이 동백섬 일대를 거닐다가 아름다운 이곳의 경치에 심취해 섬 남쪽 암벽에 자신의 자字인 해운海雲을 넣어 해운대海雲臺라고

새긴 것에서 비롯했다고 전해진다. 현재 동백섬의 중앙부 언덕에는 최치원의 동상과 기념비가 세워져 있다.

동백섬 위치는 행정구역상 부산시 해운대구 우동 783-1이며 해발고도 약 59m의 나지막한 언덕이다. 또 섬 전체를 부산시 지정기념물 제46호로 지정해 관리하고 있다. 동백섬은 교목층에 곰솔이 우점하는 식생이며 아교목층에 동백나무를 비롯해 사스레피나무, 사철나무, 광나무 등이 분포한다.

부산의 연평균 기온은 14.4℃, 연 강수량은 1,491.5mm이며 겨울철에는 북서풍이 강하지만 공중 습도가 높아 다른 지역과 마찬가지로 동백나무가 생육하는 데 유리하다.

이곳의 동백나무 대부분은 완만한 경사에 배수가 잘되고 풍부한 일조량을 받을 수 있는 입지에서 자라며 섬 전체에 고루 분포한다. 원래 섬 정상부에 자생하던 일부 동백나무 자연 군락지를 제외하고는 공원을 조성하는 과정에서 인위적으로 식재한 동백나무가 대부분인 것으로 추정한다. 그러나 산책로를 따라 많은 자생종과 원예 품종을 식재했기에 개화 기간도 길고 다양한 꽃도 감상할 수 있는 장점이 있다.

동백섬에는 2월 중순부터 4월 하순에 이르기까지 다양한 품종의 동백나무가 지속적으로 개화한다. 섬에 조성한 공원 산책로를 따라 사면부의 숲 속에 식재한 개체들을 비롯해 바닷가 쪽으로 가로수와 함께 식재한 개체들이 자라고 있다. 아스팔트 산책로를 거닐면

울창한 숲과 확 트인 바다를 동시에 감상할 수 있다.

이곳은 동백나무의 품종도 다양하지만 개체 수도 많아 3월 하순부터 4월 초순까지 아름다운 경관을 연출한다. 부산 시내에 있는 동백섬에는 시민을 위한 동백나무 자연 학습장이 마련되어 있고, 해운대구 우1동 주민자치위원회에서 동백나무를 별도로 가꾸고 정기적으로 관리하고 있다. 동백섬의 끝자락에는 2005년 APEC 정상회의가 열린 누리마루APEC하우스가 들어서 있다. 누리마루하우스에서 바라다보는 부산 앞바다와 광안대교의 풍경도 수려하다.

- 동백섬 가는 길은 경부고속도로 부산 톨게이트를 빠져나와 부산 도시고속도로 원동IC를 거쳐 번영로 해운대 방면으로 약 6km 가면 동백 사거리가 나오는데, 동백로 누리마루APEC하우스로 진행하면 동백공원 송림 주차장에 도착한다. 동백섬은 입구에 넓은 주차장이 조성되어 있지만, 대중교통을 이용해 가는 것이 가장 편리하다. 부산역에서 지하철 1호선을 타고 노포 차량 기지 방면으로 간 후 서면역에서 다시 2호선으로 환승해 장산 방면으로 가다 동백역에서 하차한다. 동백역 1번 출구로 나와 길 안내판을 따라 10분 정도 가면 동백공원 표지판이 보인다. 부산역 광장 오른편 버스 정류장에서 시내버스와 좌석버스 노선도 많다.

부산 태종대

태종대太宗臺는 부산을 대표하는 관광지 가운데 하나이다. 부산대교로 연결된 영도의 해안가를 따라 해안 절벽과 기암괴석으로 이루어진 태종대유원지 주변에는 동백나무를 비롯한 여러 종류의 상록활엽수가 울창하게 자라고 있다. 가파른 해안가 절벽의 비탈길을 10m쯤 내려가면 큰 바위가 침식되어 형성된 넓고 평평한 곳이 나타나는데, 원래는 이곳이 태종대이다. 신라 29대 태종무열왕이 삼국을 통일하고 전국을 유람하던 중 이곳의 빼어난 경치에 심취해 여기에서 활쏘기를 즐긴 데서 이름이 유래했다고 전해진다.

부산 일대는 기후가 온화해 특별한 장소를 제외하고 동백나무의 생육이 비교적 원활한 지역이다. 태종대도 바다와 기암괴석이 어우러진 자연 경관이 수려하고, 일대의 숲 가장자리를 비롯해 도로 옆 사면부에 많은 동백나무가 자라고 있다. 3월 중순경의 태종대유원지 주변은 자생 동백나무는 물론, 인위적으로 식재한 재배 품종들의 개화가 한창이라 볼거리가 풍부하다. 태종대유원지 입구의 관리사무소에서 태

종사, 망부석, 전망대를 거쳐 약 4.3km의 순환 도로가 개설되어 있어 산책하기에 아주 좋다. 태종대의 전망대에서는 맑은 날에 일본의 쓰시마섬이 보인다. 동백나무는 순환 도로 주변의 사면에 가로수처럼 많이 식재되어 있다.

● 태종대 가는 길은 경부고속도로 부산 톨게이트를 나와 부산역 뒤편의 부두 도로를 통해 5부두, 세관 앞을 거쳐 부산대교를 건너면 영도구청을 지나 한국해양대학교 혹은 태종대 표지판을 보고 영도 해안 도로로 계속 진행하면 해양대학교 지나 태종대가 나온다. 유원지 입구에는 공영 주차장이 조성되어 있다. 대중교통은 부산역 맞은편에서 시내버스를 타는 것이 가장 편리하며, 태종대 입구 바로 앞이 종점인 노선이 많다.

제주특별자치도

곶자왈 동백동산

제주도는 우리나라에서 동백나무를 가장 흔히 볼 수 있는 지역 중 하나이다. 섬 구석구석 어디를 둘러보아도 동백나무가 한두 그루 자라고 있으며, 웬만한 숲 가장자리에는 동백나무가 군락을 이루고, 마을 어귀에 혹은 가로수로도 많이 식재되어 있다.

제주도 선흘리 곶자왈에는 동백동산이 있다. 제주도에서 곶자왈은 육지에서는 쉽게 볼 수 없는 특이한 지질 구조와 생태 환경으로 이미 널리 알려진 곳이다. 제주도 방언으로 '곶'은 큰 숲, '자왈'은 작은 숲을 의미하므로 곶자왈은 '크고 작은 숲'이라는 뜻이다.

곶자왈은 외부에서 보면 그냥 단순한 숲같이 보이지만 숲 속으로 깊이 들어가면 용암에 의해 움푹 파이거나, 깊고 얕은 골이 연이은 굴곡이 심한 함몰 지형으로 이루어져 있다. 따라서 항상 습도가 적절하게 유지되고 기후 환경이 온화해 제주도의 다른

곳에서는 찾아볼 수 없는 희귀한 동식물이 자생하고 있어 생물의 종이 매우 다양하다. 제주도에서 곶자왈은 여러 군데에 산재하는데, 대부분 생태적 자연환경이 우수한 것으로 알려져 있다.

제주도 북제주군 조천읍 선흘리 1774번지 일대의 선흘리 곶자왈에 있는 동백동산은 선흘리마을을 중심으로 동남쪽으로 넓게 분포하며 만장굴과 인접해 있다. 선흘리 곶자왈은 제주도 곶자왈 중에서도 대표적인 곳으로, 단일 규모로는 우리나라에서 가장 광범위한 상록활엽수림이다. 그러나 이 같은 선흘리 곶자왈의 동백동산에서 숲 가장자리를 제외하고는 많은 동백나무를 찾아보기 힘들다. 이름 그대로 20~30년 전까지는 많은 개체 수의 동백나무가 울창한 숲을 이루었으나, 땔감이나 조경용으로 남벌하다 보니 오늘날에는 예전처럼 많은 동백나무를 보기가 어렵다. 그러나 제주 도민들이 적극적으로 보호해 오

늘날에는 동백나무 대신 종가시나무, 구실잣밤나무, 사스레피나무, 광나무, 후박나무, 빗죽이나무, 참식나무 등의 상층부 식생을 비롯해 가는쇠고사리, 새우난초, 보춘화, 줄사철난, 순갈일엽, 일색고사리 등의 다양한 식물이 자라고 있다. 2011년 3월에는 람사르 습지Ramsar wetlands: 습지로서 중요성을 인정, 람사르협회가 제정 등록해 보호하는 습지로 등록됐다.

또 곶자왈 입구에 있는 함덕초등학교 선흘분교의 운동장 한편에 서 있는 오래된 동백나무에서 매년 많은 꽃이 피는 것을 볼 수 있다. 동백동산에서는 오히려 동백나무를 보기가 힘들지만 제주도의 어느 곳에서든 동백나무를 볼 수 있다. 동백나무가 자라기에 적당한 습도와 기후는 물론, 화산 지대의 독특한 토양은 지하부의 좋은 통기성을 유지해주므로 가로수와 정원수 등으로 널리 식재하고 있다.

참고 자료

- 강귀옥, 2011, 〈자생 동백나무의 꽃 예술 소재 활용에 관한 연구〉, 중앙대학교 대학원 박사학위 논문.
- 강성구 · 김용두 · 최옥자, 1998, '동백종실과 유박의 일반 성분, 사포닌 및 아미노산 조성', 〈한국식품영양과학회지〉, 27(2):227~231.
- 강희안(이병훈 역), 1989, 《養花小錄》, 을유문화사.
- 고려대학교 민족문화연구원, 2010, 《한국문화사대계》, 고려대학교.
- 김동암, 2009, 《동백, 정원에서 기를 수 있다》, 신광.
- 김봉순 · 최옥자 · 심기훈, 2005, '동백 잎의 채취 시기에 따른 화학적 성분 특성', 〈한국식품영양과학회지〉, 34(5):81~686.
- 김성태 · 박현근 · 최상태, 2002, '지역별 자생 동백 성목의 특성과 내한성 조사', 한국원예학회 발표 요지, 20:45.
- 김성태 · 박현근 · 안형근 · 최상태, 2002, '자생지별 동백 종자의 특성과 내한성 조사', 한국원예학회 발표 요지, 20:141.
- 김용식, 1985, '동백나무 천연 집단의 엽형질 변이', 〈한국임학회지〉, 69:69~75.
- 김진희 · 정창호 · 심기환, 2010, '동백나무 잎 용매 분획물의 항산화 및 항암 활성', 〈한국식품저장유통학회지〉, 17(2):267~274.
- 김주희 · 이숙영 · 조수인, 2003, '동백 잎의 인간 혈액 암세포 성장 억제 효과', 〈대한본초학회지〉, 18(1):93~98.
- 나용준 · 우건석 · 이경준, 2009, 《조경수 병해충 도감》, 서울대학교출판문화원.
- 서희성 · 전동원 · 김종준, 2005, '동백나무 잿물과 볏짚 잿물을 매염제로 사용하는

소목 천연 염색', 〈대한가정학회지〉, 43(8):1~12.

• 송천영 · 이종석, 1994, '환경 조건과 생장 조절제 처리가 분식 동백의 낙뢰 및 개화에 미치는 영향', 〈한국원예학회지〉, 35(4):370~386.

• 송천영 · 이종석, 1995, '생장 조절제 처리가 분식 동백의 생육 및 개화에 미치는 영향', 《한국원예학회발표집》, 250~251.

• 안영희, 2008, 《한국의 자생식물》, 김영사.

• 안영희, 2010, 《관상식물학》, 태림문화사.

• 안영희, 2011, 《조경생태학》, 태림문화사.

• 오광인 · 유한춘 · 박화식 · 기혜경, 1996, '동백나무의 삽목에 관하여', 한국임학회 1996년도 하계 총회 학술 발표회, 27~29.

• 윤태현 · 이정선 · 임경자, 1991, '한국산 야생 및 재배 동백 종자의 지방산 조성', 〈한국유화학회지〉, 8(1):51~54.

• 이규보(진성규 해제), 1999, 《동국이상국집》, 누리미디어.

• 이덕봉, 1974, 《한국동식물도감(유용 식물 편)》, 문교부.

• 이상희, 1999, 《우리 꽃 문화 답사기》, 넥서스.

• 이상희, 1998, 《꽃으로 보는 한국 문화》, 넥서스.

• 이수광(남만성 역주), 2001, 《지봉유설》, 을유문화사.

• 이영로, 2002, 《한국식물도감》, 교학사.

• 이종묵, 2011, '눈 속에 피는 꽃 동백', 《선비문화》, 19:88~106.

• 이상준, 2011, 〈꽃의 시가사 연구(1)-동백을 중심으로-〉, 일본어언문화, 18:610~623.

• 이우철 · 임양재, 2002, 《식물 지리》, 강원대학교 출판부

• 이우철, 2008, 《한국 식물의 고향》, 일조각(서울).

• 이일구, 1981, '동남해 도서 지방의 상록활엽수의 분포와 그의 보존 상태에 관하여', 〈자연보존연구 보고서〉, 3:89~109.

• 이숙영 · 황은주 · 김지혜 · 최영복 · 임채영 · 김선민, 2005, '동백나무 잎과 꽃 추

출물의 항미생물활성 및 항산화 효과', 〈한국약용작물학회지〉, 13(3):93~100.
• 이창복, 1993, 《대한식물도감》, 향문사.
• 임채영 · 이숙영 · 표병식 · 김선민, 2006, '동백나무 추출물의 혈전 용해 효소 활성', 〈한국약용작물학회지〉, 14(4):195~201.
• 정병재 · 이은철, 1975, 〈임산 유지 및 단백질 자원 개발에 관한 연구〉, 《전남대학교논문집》 22:159.
• 정선섭 · 신민교, 2002, 《향약대사전》, 영림사.
• 정진호 · 이형재 · 이숙영 · 김광상 · 임요섭 · 신수철 · 정경희 · 박근형 · 문제학, 2006, '동백나무 잎의 열수 추출 조건 확립', 〈한국식품과학회지〉, 38(6):823~828.
• 조성태 · 박재승, 2001, '동백씨 추출물이 세포 노화 및 사이토카이닌과 Nitric oxid 생성에 미치는 영향', 〈한국미용학회지〉, 7:89~94.
• 조수인 · 김형우 · 이근진, 2006, '동백 발효 추출물 단기 투여의 활성에 대한 연구', 〈대한본초학회지〉, 21(2):55~62.
• 조우 · 최진우 · 안인수 · 염정현, 2010, 〈부산광역시 동백섬 문화경관림 조성 방안 연구〉, 《한국환경생태학회 학술대회논문집》, 20(1):201~204.
• 진영규, 2003, 〈한반도 동백나무 분포대에 대한 식물사회학적 연구〉, 창원대학교 대학원 박사 학위 논문.
• 차영주 · 이장원 · 김주희 · 박민희 · 이숙영, 2004, '국내 자생 동백나무의 잎과 꽃으로 만든 엽차와 화차의 주요 성분', 〈한국약용작물학회지〉, 12(3):183~190.
• 최해균, 2009, 《부산 이야기 62마당》, 도서출판 해성(부산).
• 한국예술정보, 2000, 《한국민속대과》, 한국콘테츠진흥원(엔티디산업).
• 한영숙, 2005, '동백나무 잎 추출물이 식품 유해 미생물에 미치는 항균 효과', 〈한국식품과학회지〉, 37(1):113~121.
• 허우덕 · 황경주 · 남영중 · 민병용, 1983, '식물성 유지 자원 개발 연구-동백유의 지방질 조성에 관한 연구-', 〈농어촌개발공사 식품연구소 보고서〉, 10:15.
• 安藤芳顯, 1971, つばき -名花の紹介と栽培, 保育社(東京).

• ガデンライフ編輯部, 1986, 日本のつばき.誠文堂新光社(東京).

• 桐野秋豊, 2000, ツバキ, 家の光協會(東京).

• 桐野秋豊, 2005, 椿(CAMELLIA), 學習研究社(東京).

• 日本ツバキ協會編, 2010, 日本ツバキ圖鑑, 誠文堂新光社(東京).

• 二口善雄, 1992, 椿花集, 八坂書房(東京).

• 堀田滿, 1989, 世界有用植物事典, 平凡社(東京).

• 横山三郎, 桐野秋豊, 2007, 日本の椿花, 淡文社(東京).

• 中國雲南人民出版社編輯部, 1981, 雲南のツバキ, 日本放送出版協會(東京).

• 劉英漢, 1999, 山茶花 －盆栽與繁育技術－, 金遁出版社(北京).

• 高繼銀 and Clifford R. Parks and 杜躁强, 2005, 山茶屬植物主要原種彩色圖集, 浙江科學技術出版社(杭州).

• Andrew Mikolajski, 1999, Camellias, Lorenz Books Co.

• Feng G., Xia L. and Zhu X., 1986, Yunnan Camellias of China, Science Press(Beijing).

• Fujita Y., Fujita S. and Yoshikawa H., 1973, Comparative biochemical and chemotaxonomical studies of the plants of Theaceae(1), -Essential oils of *Camellia sasanqua, C. japonica and Thea sinensis*-, Osaka Kogyo Gijutsu Shidensho Kigo, 25:198.

• Lee, S. H., 1986, Flower bud initiation and development in *Camellia japonica* species. J. Kor. Soc. Hort. Sci, 27(4):374~382.

• Ronald Good, 1947, The Geography of flowering plants, Longman Green Co.

• Stirling Macoboy, 1998, Camellias, Timber press, Inc.

찾아보기

ㅁ

ㅂ

ㅅ

ㅇ

ㅈ

ㅊ

ㅋ

ㅌ

ㅍ

ㅎ

기타